畜牧业清洁生产与审核

XUMUYE QINGJIE SHENGCHAN YU SHENHE

王忙生　著

中国农业出版社

序

在养殖业发展的实践中，各种各样的养殖理念、养殖技术等层出不穷。诸如，畜禽品种改良技术、杂交优势利用技术、人工授精技术、配合饲料技术、工厂化养殖技术、精准饲喂技术、生态养殖理念、畜禽福利养殖技术等。这些理念和技术应用大大推动了畜禽养殖业的发展。然而，随着养殖结构的变化，特别是集约化、规模化养殖已经成为未来养殖业基本态势的情况下，养殖业已经成为农业、农村、乃至整个社会生态环境的重要污染源头之一。以海南省为例，万头猪场、千头猪场等数以百计，而且这些养殖单位相对"集中"和"密集"，造成养殖环境污染的压力极大。

要有效扼制这种趋势和压力，积极推进养殖业清洁生产技术应是一个重要的技术选择。因为该技术的基本理念就是要实现"养殖废弃物减量化、无害化、资源化综合利用"，而且要把清洁生产的理念贯穿于养殖的各个环节，是全程化管理的综合技术体系。该技术来自于工业，而广泛应用于养殖业只是时间问题。

《畜牧业清洁生产与审核》可以说是畜牧业清洁生产技术的简明教程。该书比较系统地论述了清洁生产的历史，进而提出畜牧业清洁生产的各种模式，特别是从养殖业的各个环节统筹了有关清洁生产技术和应用原则，许多内容具有理论研究价值和实践指导意义。该书还对养殖业清洁生产的行业管理提出了评价和审核的程序性思路，是畜牧行业推行清洁生产的重要参考资料。

特以此为序。

农业部无公害农产品认证委员会委员

海南省畜牧兽医学会理事长　　　　博士

海南职业技术学院副院长、教授

前　言

近年来，畜牧业得到了迅猛发展，特别是规模化、集约化、标准化养殖势不可挡，2015 年养殖业的规模化率已经达到 54％。规模化养殖带来的内部管理问题、资源供给和利用问题、特别是以畜禽粪便为主的巨量废弃物造成的环境污染问题日益成为社会关注的焦点，一些突发的养殖污染事件时有发生。为此，农业部、环保部也先后发布了许多法律法规和计划要求，以促进和保障畜牧业适度规模、合理布局、持续性地健康发展。

但是，要从根本上解决养殖业的污染问题，必须从养殖行业本身想办法。在养殖场（企业）推行清洁生产技术，用清洁生产的整体流程改造的思想，做到资源利用的效率最大化、废弃物的减量化、对环境影响的无害化，这应当是目前首选的养殖理念。

本书撰写的主要内容是全面论述清洁生产与农业、畜牧养殖业的关系；重点以规模化养殖场为研究对象，从养殖场选址、规划设计、畜舍建设、饲料养殖、疫病防治、粪便废弃物的处理技术等环节探讨"清洁生产"措施；最后，探讨养殖场清洁生产情况的评估与全面审核的方法和流程。希冀清洁生产的全程化管理意识、高效化经营意识、节约化资源意识及养殖业与生态环境的可持续发展意识被广泛接受和应用。

本书在编写过程中，得到了西北农林科技大学动科院院长姚军虎教授、陕西省畜牧业协会秘书长郭庆宏研究员的指导与帮助；还得到了陕西省商洛市动物疾控中心张榜研究员、王益民副研究员的大力协助，在此表示衷心感谢。

本书是在陕西省科技计划项目［2012K02－05］资助下完成的。由于作者水平有限，一些技术资料还不够细致，希望能抛砖引玉，更希望得到批评指正，本人将不胜感激。

作　者
2017 年 2 月 27 日于商洛学院

目　　录

第一章　清洁生产概论

第一节　清洁生产提出的历史背景

一、历史上的重大环境事件与清洁生产概念的提出

发达国家从 20 世纪 60 年代开始，工业化步伐加快，经济发展迅速，但却忽视了对环境的保护，致使环境污染日益严重。迅猛发展的工业化生产对生态环境造成极大破坏，引起世界各国的极大关注。特别是先后爆发的重大污染事件，对人类健康造成了极大的危害（表 1-1）。人们增加环境保护投资、增加污染物处理的各类设备，甚至制定了有关排放标准等政策法律。尽管这些措施对于控制和改善环境问题、提高人们的认识起到一定作用，但是，这种只重视末端治理的方法并没有从根本上解决生产污染问题（表 1-2）。

表 1-1　20 世纪国外八大公害事件

事件名称	主要污染物	发生地点	发生时间	危害情况	公害原因
马斯河谷烟雾	烟尘、SO_2	比利时	1930 年	60 人死亡，几千人生病	山谷工厂多、逆温天气
多诺拉烟雾	烟尘、SO_2	美国	1948 年	17 人死亡，20 多人生病	工厂多、逆温、大雾
伦敦烟雾	烟尘、SO_2	英国	1952 年	5 天内 4 千人死亡	烟煤取暖、逆温
洛杉矶光化学烟雾	石油尾气，汽车尾气	美国	1943 年	400 多老人死亡，多数人生病	尾气在紫外线作用下生成光化学烟雾
水俣病	甲基汞	日本	1953 年	50 人死亡，180 人生病	氮生产中的催化剂
福山骨痛病	镉	日本	1931—1972 年	34 人死亡，280 人生病	炼锌厂含镉废水
四日市哮喘	烟尘、SO_2 重金属粉尘	日本	1955 年	36 人死亡，500 人生病	工厂排放量多
米糠油	多氯联苯	日本	1968 年	16 人死亡，近万人生病	有害的多氯联苯进入食用油

资料来源：张延庆，沈国平，刘志强主编《清洁生产理论与实践》（2012）。

表 1-2　21 世纪国外部分重大公害事件

事件名称	发生地点	发生年份	危害情况	公害原因
饮用水污染	匈牙利	2006 年	1 200 人中毒	洪水流入城市饮水系统，造成饮用水污染
水污染	巴基斯坦	2006 年	9 人死亡，超过 1.9 万人出现不适症	供水管道遭污水污染
有毒工业废液污染	科特迪瓦	2006 年	7 人死亡，2.6 万多人中毒	外国货轮非法倾倒数百吨有害的工业废液，废液排出有害气体

（续）

事件名称	发生地点	发生年份	危害情况	公害原因
饮用水碱污染	美国	2007 年	100 多人中毒，影响大约 6 000 多居民生活	供水系统碱过量
墨西哥湾漏油事件	美国	2010 年	11 名工人死亡，造成 5 000 多千米^2 的污染区	位于墨西哥湾的"深水地平线"钻井平台爆炸，造成原油泄漏
铝厂毒液泄漏	匈牙利	2010 年	9 人死亡，150 人中毒	约 100 万米^3 的有毒废水排入附近村庄

资料来源：同表 1-1。

　　1972 年，在斯德哥尔摩召开的联合国人类环境会议，可以说是国际社会高度关注环境问题的开始。1976 年，欧共体在巴黎举行的"无废工艺和无废生产的国际研讨会"，提出协调社会和自然的相互关系应主要着眼于消除造成污染的根源，而不仅仅是消除污染引起的后果。1979 年欧共体理事会宣布推行清洁生产政策。同年在日内瓦举行的"在环境领域内进行国际合作的全欧高级会议"上，通过了《关于少废无废工艺和肥料利用的宣言》，指出无废工艺是使社会和自然取得和谐关系的战略方向和主要手段。此后召开了不少地区性的、国家的和国际性的研讨会。1984 年、1985 年、1987 年欧共体环境事务委员会三次拨款支持建立清洁生产示范工程。1984 年和 1988 年美国与荷兰也相继实施清洁生产。1989 年，联合国环境规划署（UNEP）正式提出了清洁生产的概念。1992 年，联合国环境与发展大会通过的《21 世纪议程》，更明确地指出工业企业实现可持续发展战略的具体途径是实施清洁生产。

　　事实上，一些国家的研究也证明，"预防优于治理"，就是把污染问题解决在生产前，或者生产中。据日本环境厅 1991 年公布的报告，就整个日本的硫化物造成的大气污染而言，如果提前预防处理将比不采取处理而产生的危害费用少 10 倍。来自美国环境保护局的报告，美国用于空气、水和土壤等环境介质的污染控制费用（包括投资和运行费），1972 年为 260 亿美元，1987 年为 850 亿美元，20 世纪 80 年代末为 1 200 亿美元（占到 GNP 的 2.8%）。可见，污染物的处理已经是重大的经济负担。

　　随着经济社会的发展，资源开发问题、国际合作问题、环境保护问题等日益全球化，循环经济、生态经济、低碳经济、可持续发展等理念和发展模式也被人们逐渐接受。因此，必须从生产的源头开始，以整个产业链为主线，在各个环节上减少废弃物的排放，同时加大对废弃物的循环利用，最终减少污染物对环境的压力。把以往的末端治理，变成预防为主、环节治理、节约利用等新型生产方式。

二、清洁生产的定义

　　清洁生产（Cleaner Production，CP）的理念源自于人们对环境污染、资源枯竭、生产方式以及技术应用等诸多方面的认识和实践，也是对人类生产发展历史与现实的反思。

　　对于一个学术名词的定义，需要严格的界定。但基于不同的研究角度、不同的时代背景、不同的应用目的、甚至不同的国家和行业等都会有不同的描述。由于清洁生产的实践性和针对性较强，涉及的领域和行业也较为复杂，有必要把有关国家和组织的定义进行一些简单介绍。

（一）联合国环境计划署（UNEP）的定义与解释

1996 年，环境计划署在总结各国的经验基础上，对 1989 年的定义进行了完善，定义如下：清洁生产是一种创造性思想，该思想将整体预防的环境战略持续地应用于生产过程、产品和服务中，以增加生态效应和减少对人类和环境的风险，它包含 3 个环节：第一，是对于生产过程，要求节约原材料和能源，淘汰有害原材料，减少所有废弃物的数量和毒性。第二，是对于产品，要求减少从原材料提炼到产品最终处理的生命周期的不利影响。第三，是对于服务，要求将环境因素纳入所涉及的和所提供的服务中。

（二）其他发达国家对清洁生产理念的理解和实践

自从清洁生产理念提出后，不同国家虽有不同界定或称谓，但基本上都是围绕"废物减量化""无废工艺"或者"污染预防"等基本原则实施的。甚至，许多西方国家都把清洁生产作为一项基本国策，这对于我国推行清洁生产也具有极大的促进作用和借鉴意义。

1. 德国　1972 年，德国颁布了《废弃物处理法》。明确了废弃物管理的内容，禁止废弃物所有者自行处理废弃物，首次实行废弃物处理许可制度。1982 年，将《废弃物处理法》修改成《废弃物避免及处理法》。首次提出"避免和减少垃圾产生及垃圾再利用"的概念。在垃圾的再利用方面给予优先权，特别是把垃圾治理的理念开始由末端治理向前端预防转变。1991 年德国又出台了《避免包装・容器废弃物产生条例》，也是世界上第一个关于包装材料的减量化和循环利用的管理法规。1993 年德国颁布了《废弃物处理技术规范》，规定从 2005 年起，垃圾卫生处理场所只能填埋经焚烧等前处理设备处理后的无机物。1994 年，又对《废弃物避免及处理法》进行了修改，第一次在垃圾处理政策中提出循环经济的观念，将垃圾处理理念上升到循环经济和可持续发展的高度。

德国 2000 年颁布了《可再生能源法》，有力地促进了可再生能源生产。可再生能源发电量占总发电量的比重由颁布前的 4.7％上升到现在的 16.1％，供热量的比重由原来的 8.4％提高到现在的 14％。政府对沼气生产、生物燃料生产（乙醇）、风电、水电、太阳能等进行补贴。德国政府非常重视畜禽清洁生产。德国农地私有，畜牧养殖都有一定规模，有一定的耕地配套，基本做到农牧结合。德国规定每公顷耕地养猪不超过 25 头（其他畜禽进行当量折算）。

2. 欧共体　1977 年 4 月就制订了关于"清洁工艺"的政策。1979 年 11 月，在日内瓦召开了"环境保护领域内进行国际合作的全欧高级会议"，通过了《关于少废无废工艺和废料利用宣言》。这次会议把"清洁生产""减少污染无污染工艺""无公害工艺"等统称为"少废无废工艺"。1984 年、1987 年又分别制订了欧共体促进开发"清洁生产"的两个法规，明确对清洁工艺生产工业示范工程提供财政支持。1984 年有 12 项、1987 年有 24 项已得到财政资助。1996 年，欧盟制定了《综合污染预防和控制指令》，要求各国将污染水平降低至最低。

2003 年以欧盟共同政策改革为契机，欧盟委员会提出并实施农业与环境交叉配合（Cross-compliance，CC）协议，以有条件的直接补贴形式，鼓励农民采取环境友善、维持地力的耕作方式来保障各种环境、食物安全及动物健康和福祉；同时要求各成员国在 2007 年必须建立农场咨询体系（Farm Advisory System），向农民提供生产过程中有关标准和良好操作规范的咨询服务，帮助农场主更好地履行环境、食品安全、动植物卫生和动物福利等法定经营要求以及保持良好的农业与环境经营条件。

3. 美国 对"污染预防"的定义是："在可能的最大限度内，减少生产场地所产生的废物量。"要求通过"源消减""提高能源效率"以及"重复使用原料和减少水消耗等"来合理利用资源。通过改变产品和改进工艺，减少流入或释放到环境中的有害物质、污染物或污染成分的数量。1984 年，美国颁布了《资源保护与回收法——固体与有害废物修正案》。1990 年，美国颁布了《污染预防法案》，把污染预防作为环境政策的第一选择，也作为美国的一项国策。

20 世纪 90 年代设立环境质量激励计划（Environmental Quality Incentive Program，EQIP），并于 2002 年修订继续实施，侧重于对正在使用的耕地和牧场等生态环境的保护与改善项目。除了通过资金共享、租赁支付补贴农户外，还通过激励支付政策引导农户去采纳保护性耕作实践减少水污染。美国环保署与农业部、能源部合作，还推出农业之星计划（Ag STAR）、反刍畜类甲烷计划（Ruminant Livestock Methane Program），以更符合成本效益的方法，帮助农民通过最优管理方式（BMPs）减少甲烷的逸散，同时，使食物中更多的碳元素可以转换成牛奶及肉，减少来自于反刍畜类的甲烷逸散。美国环保署、农业部及食品药物管理署也联合推出农药环境管理计划（Pesticide Environmental Stewardship Program，PESP），目的是使用生物性的农药及其他比传统化学方法更安全的防虫技术以及推进农田实施综合害虫管理（IPM）计划。

4. 法国 为防止或减少废物的产生制订了采用"清洁工艺"生产生态产品及回收利用和综合利用废物等一系列政策。法国环境部还设立了专门机构从事这一工作，每年给清洁生产示范工程补贴 10% 的投资，给科研的资助高达 50%。法国从 1980 年起还设立了无污染工厂的奥斯卡奖金，奖励在采用无废工艺方面做出成绩的企业。法国环境部还对 100 多项无废工艺的技术经济情况进行了调查研究，其中无废工艺设备运行费低于原工艺设备运行费的占 68%，对超过原工艺设备运行费的给予财政补贴和资助，以鼓励和支持无废工艺的发展和推行。

5. 荷兰 实行了"污染预防"（PRISMA）政策，取得了令人瞩目的结果。1988 年秋，荷兰技术评价组织对荷兰公司进行了防止废物产生和排放的大规模清查研究，制定了防止废物产生和排放的政策及所采用的技术和方法（其关键内容是源削减、内部循环利用和行政管理等），并在 10 个公司中进行了预防污染的实践，其实施结果已编制成《防止废物产生和排放手册》，已于 1990 年 4 月出版。从 1998 年开始用 MINAS（Mineral Accounting System）系统控制化肥的施用。在这个系统之下，每位农户都有农田养分投入和产出日志，如果其养分剩余（或流失）低于规定标准则无须交税；如果超出规定标准则需要征税。由于其税收政策涉及高昂的执行成本和对环境质量改善的直接效果非常有限而备受质疑。

6. 丹麦 于 1991 年 6 月颁布了新的丹麦环境保护法（污染预防法），于 1992 年 1 月 1 日起正式执行。这一法案的目标就是努力预防和防治对大气、水、土壤和亚壤土的污染以及振动和噪声带来的危害；减少对原材料和其他资源的消耗和浪费；促进清洁生产的推行和物料循环利用，减少废物处理中出现的问题。

7. 加拿大　政府为废物管理确定了新的方向，他们制订了资源和能源保护技术的开发和示范规则，其目的是促进开展减少废物和循环利用及回收利用废物的工作，以促进清洁生产工作的开展。1999 年，加拿大制定的环境法案，也把污染预防作为环境保护的优先选择和途径。近年来，加拿大开展了"3R"运动，"3R"为 Reduce、Reuse、Recycle 三个英文单词的词头，即减少、再生、循环利用的意思。

第二节　我国对清洁生产的认识和实践

事实上，"清洁生产"所倡导的原则和理念，完全符合中国传统的天人合一的生活与生产理念。在以农业为主的社会里，我国非常重视农、林、牧、副、渔各业的全面发展，提倡种养结合、养用结合、综合经营等生产方式。后魏时期贾思勰的《齐民要术》（公元 6 世纪）提出"顺天时，量地利，则用力少而成功多。任情返道，劳而无获"，告诫人们从事生产活动必须适应气候和生产条件，否则，徒劳无益。

一、我国清洁生产的概念

2002 年 6 月 29 日，第九届全国人民代表大会常务委员会第 28 次会议通过了《中华人民共和国清洁生产促进法》（以下简称《促进法》），该法于 2003 年 1 月 1 日实施。《促进法》明确了清洁生产的基本概念，即"清洁生产，是指不断采取改进设计、使用清洁的能源和原料、采用先进的工艺技术与设备、改善管理、综合利用等措施，从源头削减污染，提高资源利用效率，减少或者避免生产、服务和产品使用过程中污染物的产生和排放，以减轻或者消除对人类健康和环境的危害"。

同时，《促进法》指出了清洁生产的基本技术方向：（一）采用无毒、无害或者低毒、低害的原料，替代毒性大、危害严重的原料；（二）采用资源利用率高、污染物产生量少的工艺和设备，替代资源利用率低、污染物产生量多的工艺和设备；（三）对生产过程中产生的废物、废水和余热等进行综合利用或者循环使用；（四）采用能够达到国家或者地方规定的污染物排放标准和污染物排放总量控制指标的污染防治技术。

二、我国清洁生产的实施情况

在《促进法》等法规的规范和指导下，工业领域按照清洁生产的基本理论和要求，进行了认真而广泛的实践。

2000 年，由国家经贸委发布了第一批《国家重点行业清洁生产技术导向目录》，涉及冶金、石化等 5 个行业，共 57 项清洁生产技术。这是第一次以国家名义，向相关行业推介清洁生产技术。到 2000 年年底，20 个地方或者行业的清洁生产中心，包括化工、冶金、石化和机器制造业等工业，一个国家清洁生产中心以及对应的 16 个地方中心相继建设起来，形成一张巨大的全国清洁生产网络。我国的 200 多家企业在推行清洁生产之后，废水排放量平均削减率达 40%～60%，COD 的消减率达到 40% 以上，获得经济效益 5 亿多元。应该说，清洁生产使得企业对资源的利用效率明显提高，大大减少了各种污染物质的排放，获得了很好的环境和经济效益，增强了企业在经济活动中的综合竞争力。

2003 年，国家经贸委又推出了第二批《国家重点行业清洁生产技术导向目录》，冶金、机械等 5 个行业的 56 项清洁生产技术。2004 年，国家发改委与环境保护总局联合颁布了《清洁生产审核暂行办法》，同时，财政部还公布了《中央补助地方清洁生产专项资金使用管理办法》等配套的清洁生产法律法规体系，为各地全面推行清洁生产奠定了一定的基础。

2006 年，由国家发改委和环境保护总局联合发布了第三批《国家重点行业清洁生产技术导向目录》。包括 28 项清洁生产技术，特别是将养殖业首次列入其中，该技术重点是推广畜禽养殖的污水产生沼气技术。可以看出，畜禽养殖业及其规模化带来的环境问题等，将会越来越受到重视。

2008 年，环保总局还特别颁发了《关于进一步加强重点企业清洁生产审核工作的通知》。该通知特别强调，对公布应开展强制性清洁生产审核的企业，拒不开展清洁生产审核、不申请评估、验收或评估、验收"不通过"的，视情况由省级环保部门在地方主要媒体公开曝光，要求其重新进行清洁生产审核、评估和验收，并依法进行处罚。

2012 年 2 月 29 日第十一届全国人民代表大会常务委员会第 25 次会议又通过了《关于修改〈中华人民共和国清洁生产促进法〉的决定》的修正案，并于 2012 年 7 月 1 日实施。该法目前是指导和推广清洁生产的基本纲领和行动指南。为落实《中华人民共和国清洁生产促进法》（2012 年），2016 年 5 月 16 日颁布了修订后的《清洁生产审核办法》，并于 2016 年 7 月 1 日起正式实施。

但是目前来看，开展清洁生产的企业集中在化工、纺织、电子、冶金、造纸、钢铁、机械制造业、制药等重点行业，数量不超过企业总数的 5%，仅占国家规模以上企业数目的 3.15%。这说明，当前的宣传和引导工作仍需要继续强化，清洁生产的实施还任重而道远，与发达国家相比差距甚大。农业和服务业在清洁生产技术和理念方面的推进工作需要尽快提速。农业源头污染严重，却没有行之有效的整改方法；服务业是能耗大户，但是我国业内开展清洁生产的厂家少之又少。

特别是在目前农业、畜牧业不断规模化、集约化的发展态势下，清洁生产的理念和技术需要进一步宣传和推广，尤其是在养殖业上的推广和应用更显迫切。这也是本书编辑有关畜牧业清洁生产技术及其有关问题的初衷所在。

第二章　畜牧业清洁生产

第一节　农业清洁生产简介

一、农业清洁生产

所谓农业清洁生产（Agricultural Cleaner Production），是指将工业清洁生产的基本思想即整体预防的环境战略持续应用于农业生产过程、产品设计和服务中，以增加生态效率，要求生产和使用对环境温和（Environmentally Benign）的绿色农用品（如绿色肥料、绿色农药、绿色地膜等），改善农业生产技术，"减降"农业污染物的数量和毒性，以期减少生产和服务过程对环境和人类的风险性。

相比工业企业的清洁生产理论和实践，农业清洁生产尽管生产的形式多样、发展的层次不同、受自然环境的影响较大，但仍然具有"资源投入—生产加工—产品输出"的基本生产环节或过程的特征。

二、农业清洁生产体系

我们习惯上讲的农业，其实是一个"大农业"概念。它是一个以种植业为基础，以广大的乡村自然环境为背景，同时进行着粮食种植、畜禽养殖、各类农副业加工以及农村社会生活在内的复杂社会生产系统。所以，影响大农业的因素是极为复杂的，包括自然因素、文化因素、科技因素以及各种资源和信息的互动和冲击。

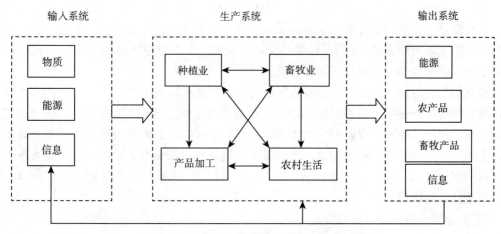

图2-1　农业生产系统的组成与相互关系图

图2-1是来自彭福强的研究，它显示了农业生产系统的三大组成部分：输入系统、生产系统和输出系统。很显然，依据清洁生产的理念，在输入系统，就要求进入系统的各

类物资、能源等应当安全、绿色、环保；在生产系统，则要求种植、养殖、加工等各个环节力争节能、节约、循环；在输出系统，则更要求提供给人们安全、营养、绿色的各类农产品。同时，整个系统输出的"废弃物"必须经过有效的处理，减少对环境的影响。或者变废为宝，再被循环利用，服务人类。

第二节　畜牧业清洁生产

一、畜牧业清洁生产提出的背景

(一)历史渊源与启示

畜牧业渊源于原始的狩猎，起始于人们对动物的圈养，得益于种植业的兴盛，发展于科技的广泛应用。人类在养殖家畜家禽的历史中，始终关注着家畜家禽与生态环境的关系，关注着畜牧业生产与人类赖以生存的各类资源的关系。家畜家禽是有生命的，它既是生产的对象，又是"生产者"(要区别于人)；它既是消费者，又是物质转化者。什么地方适宜于养殖哪类家畜？什么环境适宜于什么样的养殖方式？甚至如何进行家畜本身的繁衍？我们祖先都进行了深入的总结。

"牧"字在甲骨文中，是以手执鞭赶牛之形，《说文》释"牧"字为养牛人。春秋战国后，随着人口增加和农业发展，农田逐渐扩展，专用的放牧地消失了，牛有肉用转向拉车和耕地，成为农耕文化的重要一员，牛也变为舍饲，以农副产品糠麸、秸秆和青草为主。可见人类的生产活动对家畜生产和生活方式的影响是深远的。我国《周礼》一书"夏官司马"篇中写道："东南曰扬州，……其畜宜鸟兽①；其谷宜稻。河南曰豫州，……其畜宜六扰②，其谷宜五种。"强调根据不同季节和气候条件安排畜牧业生产。李时珍在《本草纲目》中写道："猪天下畜之，而各有不同。生青兖徐淮者耳大，生燕冀者皮厚，生梁雍者足短，生辽东者头大白，生豫州者朱短，生江南者耳小(谓之江猪)，生岭南白而极肥。"……"河西羊最佳，河东羊亦好。若驱之南方，则筋力自劳损。安能补益人？今南方羊多食野草、毒草，故江浙羊少味而发疾。……北羊至南方一、二年，亦不中食，何况于南羊，概土地使然也。"可见李时珍不仅对猪和羊的生态地理特征做了极好的描述，而且对于羊肉的味道和安全进行了简要总结。

畜禽的驯化与培育历史是伴随着人类自身的发展历史而发展的。畜禽的自然生态分布是畜禽与环境不断适应过程中形成的，这些环境中的各种因素及其变化都会影响到畜禽的生长发育，进而影响到畜禽业的生产水平。所以，要深入研究畜禽与环境的关系，要研究畜禽生产过程中各种可能的活动对环境的影响，同时寻找影响畜禽的各种环境因素作用机理。这些因素应当包括自然地理因素(子)、气候因素(子)、畜舍建筑、饲草(料)资源、甚至社会经济因素等。

(二)畜牧业的发展与存在问题

多年来，随着农村和农业改革开放的不断深入，畜牧业的生产结构和经营方式也发生

注：① 鸟兽：指孔雀、鸡鹋、犀、象之属。
　　② 六扰：指马、牛、豕、羊、犬、鸡。

了巨大的变化。主要表现在几个方面：

1. 畜牧业生产规模的变化 在广大农区和农牧结合区，传统的家庭放牧和圈养逐步受到冲击。特别是在农业发达区，一家一户的小规模养殖几乎消失殆尽。随着现代养殖技术的提高和专业化发展，养殖的规模迅速膨胀，养殖场的建设也越来越专业化。伴随着农业生产结构的调整，伴随着农村大量劳动力的外出和社会分工的转换，我国的畜牧业生产方式和结构还将会继续朝着集约化、规模化、专业化方向发展。

在我国，规模化养殖已成为畜禽养殖业的生产主体，大中型养殖场数目、出栏数和占总出栏的比例均在逐年上升。以生猪为例，2001—2008 年间，年出栏在 3 000 头以上的养殖场数目、出栏数及所占当年出栏总数的比例均在逐年上升，年均增长分别为 23.3%、21.6%和 19.2%。

据林启才对陕西省养殖情况调查，2012 年陕西省畜禽规模养殖场达到 4 851 个，生猪、奶牛规模养殖分别占到全省的 62%、50%。

与这种规模化变化相随的还有经营方式的变化，即家庭养殖转变为企业（公司）养殖，或以龙头带动的养殖合作社形式的规模养殖。饲料供给、种畜配置、养殖技术推广也更加集中和专业化。

农业部副部长于康震在向《经济日报》记者介绍时说，2015 年，我国畜禽养殖规模化率达 54%，比 2010 年提高 9 个百分点；生猪规模养殖场 26.7 万个，增加 4.7 万个。产业化水平快速提升，国家级畜牧业产业化龙头企业达 583 家，占农业产业化龙头企业的 47%；畜牧业农民专业合作社 32.4 万个，占总数的 24.3%。

2. 畜牧业废弃物的污染问题 虽然养殖业的规模在不断扩大，但由于种养分离造成畜禽粪便的大量堆积和流失，特别是一些较大规模养殖场，粪便对环境的压力是巨大的。

第一次全国污染源普查（2010 年 2 月 6 日，国家统计局公布）结果显示，农业源污染已经接近工业污染和生活污染的总和，占到全国污染的 48.9%。农业源主要污染物化学需氧量、总氮和总磷分别达到 1 324.09 万吨、270.46 万吨和 28.47 万吨，分别占到全国排放量的 43.7%、57.2%和 67.3%。而养殖业污染又是农业污染中最为重要的构成之一。据环保部和农业部公布的数字显示，2010 年，我国畜禽养殖业的化学需氧量和氨氮排放量分别达到 1 184 万吨和 65 万吨，占全国排放总量的比例分别为 45%、25%，分别占农业源的 95%、79%。

据报道，畜牧场散发出的恶臭味中含有 168 种臭味化合物，主要为酮类、醇类、醛类、胺类等，使周围的环境严重污染。目前已知全世界约有"人畜共患疾病"205 种，我国有 120 种。其传染途径主要是通过患病动物的粪尿、分泌物、污染的废水和饲料等，由于粪尿未能及时处理，特别是无害化处理，所以还会造成大量蚊蝇滋生。

近几年，关于畜禽粪便、病死畜禽污染事件时有发生。2013 年 3 月上海黄浦江松江段水域有大量漂浮死猪的情况，累计打捞的死猪数量超过了 13 000 头。这个国人皆知的新闻极大地冲击着我们的养殖方式、管理方式乃至法律法规建设。比如养殖业的规划、病死畜禽的无害化处理、老百姓的养殖理念等都需要进一步反思。为此，农业部发布了《关于促进南方水网地区生猪养殖布局调整优化的指导意见》，提出要对上海、浙江、江苏、广东、安徽、江西、山东、河南、湖北、湖南等地的生猪养殖业做出调整优化，构建产出高效、产品安全、资源节约、环境友好的生猪养殖业。看得出来，这次对上述地区养猪业的调整的核心目标是要让养猪和环境资源相适应，改善和保护环境。且计划到 2020 年，在南方水网地区，年出栏 500 头以上的生猪养殖比重达到 70% 以上，生猪规模养殖场粪便处理设施配套比例达到 85% 以上，生猪粪便综合利用率达到 75% 以上。这样有利于技术推进和责任追究。

2015 年，农业部还发布了《农业部关于打好农业面源污染防治攻坚战的实施意见》，要求全国动员起来，重视"大农业"的污染问题。

3. 畜牧业与农业的关系问题 理论上讲，畜牧业是大农业的一部分，是大农业系统中极为重要的一环。但是，目前在许多地区，基于耕地的分散、私人占用（承包）、经营形式的多变（外租、多种种植、弃耕）等复杂的外部环境，养殖业与种植业出现了较大的分离。大部分种植户仍是以化肥为主，认为简单、省力。而规模化的养殖造成大量的粪便又无法链接到恰当的消解耕地，从而难于实现粪便向耕地的自然回归。一般养殖户所属的小面积耕地已经不能吸纳这些废弃物，从而逐渐会造成局部乃至一定区域粪便的盈余，从而导致大量畜禽粪便、废弃物被随意堆放、丢弃，打破了多年形成的"畜—肥—粮"的良好生态平衡系统，造成严重的环境污染问题。

尽管一些养殖场进行了畜禽粪便加工处理（肥料化，如无害化发酵、专门化肥料等技术），但与实际要求差距较大。按林启才调查，陕西省 2010 年的畜禽粪便无害化处理还不到 20%。

因此，从宏观上看来，对现代畜牧业的发展必须要有一个全面的认识，必须建立一种全新的生产理念、管理理念、综合发展理念。

由于家畜家禽本身的特点，决定了畜牧业生产过程更具特殊性和复杂性。与其他工业生产相比较，畜牧业生产不仅具有生产的全部要素，而且与环境、自然资源具有天然的、不可分割的、持久的复杂关系。诸如，如何减少资源浪费，如何节约饲料，如何提高生产效率，如何减少粪便（废弃物）的排放，如何避免不必要的过度预防与过度治疗，以及如何对粪便进行有效处理等等。要很好地回答这些问题，把清洁生产理念和方法引入畜牧业生产，用于提高畜牧业生产水平，减少对环境污染就是一种必然选择。

二、畜牧业清洁生产的概念与意义

1. 概念 即通过采用科学合理的饲料配方、不断改善饲养管理和技术，提高资源利用率，减少污染物排放，以降低对环境和人类的危害，同时获得更多更安全的畜产品。用一句话讲，养殖业清洁生产就是将畜禽养殖污染预防战略持续应用于畜禽养殖生产全过程。

推行清洁生产是解决我国规模化养殖场环境问题、生产安全合格的畜产品、实现畜牧业可持续发展的重要手段。畜禽养殖业的清洁生产需要贯穿于生产全过程控制，还要对养殖废弃物产生和处置的实行全过程控制。生产过程包括清洁的饲料投入、清洁的畜禽生长环境、清洁的饲养设备、规范的操作制度、清洁的畜禽产品；废弃物处置全过程控制包括畜禽养殖业废弃物减量化、无害化、资源化综合利用等过程。

2. 意义 就当前现实而言，尽管在政策、法规和审核等方面，畜牧业清洁生产的理念与技术还没有广泛实行和推广，但我们相信，随着环境治理的法规越来越健全、执行越来越严格，人们将会逐步认识到在养殖业推广清洁生产理念和技术的重要意义。

第一，有利于养殖业的持续发展。规模化、集约化养殖场如同一个工厂一样，需要科学的规划布局。清洁化生产就要求结合当地的自然环境、大农业条件、社会服务环境等合理选择养殖场地，同时进行科学规划和建设，只有这样，养殖场的生产过程才能安全可靠，才能与外界环境长期和谐共处。

第二，有利于节约各类生产资源。养殖生产资源包括饲料、能源以及水资源，清洁生产实施将对原料的控制达到最优化管理。不仅如此，在生产过程还要优化饲喂方式、管理方式，在减低生产成本的同时，也减少了废弃物的排放，间接提高了养殖场效益。

第三，有利于提高畜产品的安全质量。清洁生产技术的实施，不仅减少了资源消耗，减少了浪费，更使得畜禽在优越的环境下生长发育，同时也较少受疾病的侵扰，畜产品的质量自然就会大大提高。

第四，有利于提高养殖企业的经济效益。在节约资源、较少浪费、提高养殖质量的情况下，养殖企业的收益肯定会得到提高。另外，畜禽粪便的无害化处理、有机肥料加工等，不仅减少了环境危害压力，也增加了额外的收入。

第五，有利于大农业的科学发展。养殖业是大农业的一个重要环节，在清洁生产的理念下，养殖业将会在"有机农业""自然农业""生态农业""循环农业"等大体系中，发挥更大的作用，从而实现经济、社会、生态效益相互统一、协调发展。

第三节　畜牧业清洁生产的理论依据

从清洁生产的基本理念分析，我们更加强调养殖过程的资源利用最大化、养殖条件的舒适化、环境影响的最小化、经济效益的合理化，这些过程有着深刻的科学内涵和技术要求，所以，提倡畜牧业清洁生产是有一定的科学依据的。

尽管在畜牧业的实践中，有"生态养殖""绿色养殖"和"有机养殖"，甚至还有"健康养殖"等概念和模式。尽管这些概念的名称不同，但在许多实质内容或技术应用上是一致的，很大一部分是相互重叠、相互包含的。"生态养殖"强调的是养殖业必须纳入大的生态环境内考虑，要求养殖不要对环境造成危害，提高整个环境（生态）系统的综合效率。"绿色养殖"和"有机养殖"则是从畜产品的安全性考虑的养殖问题，是为保障后续的畜产品加工安全和食用安全而提出的理念及系列措施。"健康养殖"则是从畜禽本身的角度（即动物生物学特性）出发，人们为其提供舒适、健康的条件，同时使其健康快乐生长、生产，从而为人类提供优质的畜产品。

就清洁生产的本质要求来看，它与生态学、畜牧工程学、食品卫生学、甚至经济学等都密不可分，这些都是实施清洁生产的理论基础。

一、生态学基础

生态系统本身要求在结构上有复杂性、多样性、有序性、整体性，在功能上有综合性、稳定性、因果性、流转性、限制性等。无论是自然放牧型、农区圈养型还是工厂集约型畜牧业生产，畜禽生产都是生态体系的一个重要环节，与自然环境、大的生态系统有着天然的归属关系。在这个系统中，我们应当谋求各类物质循环和能量流动的资源、能量、产品效益的最优化。

那么，从清洁生产技术的要求看，畜禽养殖业仍然需要遵循生态学的基本规律和要求。例如，在养殖场的选址上，首先要把养殖方式与当地的大环境结合起来，在环境温度、湿度、风向、雨量、海拔，甚至饲料（草）的生产供给等方面要有全面的考虑。在畜舍结构、场内养殖设施（如通风、光照、保温、排污等）建设上，则要以家畜为主体，尊重动物本身的生物学属性，为其提供舒适的小环境。只有做到大环境和小环境的统一协调，遵循了生态学基本规律的基础上，畜牧业才能有序、稳定、高效地发展。

二、畜牧业工程学基础

畜牧业的生产主体是家畜，但它又是受人类完全干预，是被动的，受人类的生产、生活需要的约束。特别是长期人工驯化下，使得畜禽的生产性能不断提高，且畜禽对人类的依赖性也在提高，已经不具备野生动物的环境适应能力。因此，人们在不同生产要求下，会用各类手段来营造畜禽的合适环境，同时控制畜禽的行为。清洁畜牧业更是要求全程控制畜禽饲料、饲养、饮水、休息乃至粪便排放和处理。从这个角度讲，畜牧业工程学就有着广泛的应用前景。

畜牧工程学的内容十分丰富。它就是研究畜禽饲养工艺、畜禽舍的建筑要求、畜禽饲养机械设备、畜禽舍内外环境控制等的一门综合性学科，它对提高劳动生产率，减轻劳动强度，改善畜禽的生产环境，提高畜产品的产量和质量，全面提升畜牧业生产水平具有极大的作用。关于清洁畜牧业生产中如何进行有关工程方面的技术问题，将在后面的章节中叙述。

三、食品卫生学基础

清洁畜牧业生产的最终目的是为人们提供丰富、安全的畜产品，这也可以说是现代畜牧业的终极目的。为了实现安全的畜产品，各个国家均有相关的畜产食品卫生法规，甚至从畜产食品的原料生产到各类畜产加工食品的卫生、安全等方面都有详细的规定。而我们倡导的畜牧业清洁生产本意，就是要最大限度地克服畜牧业生产环节的不利影响，如从疫病防控到养殖条件的优化等方面，做到畜产品（原料）的安全可靠、清洁卫生。因此，食品卫生学将是进行清洁生产的主要依据，更是进行畜产品安全评价的重要指标。

四、经济学基础

畜牧业生产是人类重要的生产经营活动，自然也受到经济规律的制约和影响。经济学在宏观上研究的是供给和需求问题，在微观上研究的是效率和效益问题。就宏观而言，畜牧业的供给与需求无须讨论，因为畜产食品（肉奶蛋）的需求是无可代替的。就微观而言，如何提高畜牧业的生产效率，同时提高经营者的经济效益，则与清洁生产息息相关。

畜牧业的生产效率实质就在于家畜本身的转化效率（即生物生产效率，这是养殖效率的本质所在）。离开这个基础条件，任何所谓经济措施都是徒劳的。畜牧业清洁生产就是提供给畜禽最适宜的环境条件，促使畜禽安静、卫生、迅速、愉悦地生长发育与生产。而这一点却往往被忽视了。只有围绕这个中心才能提高畜牧生产的总体效率，进而为提高经济效益打下良好基础。从循环经济的原理讲，清洁生产更具有提高总体经济效益的作用。所以，经济效益等也将是清洁生产水平的评价指标之一。

在研究清洁生产理论方面，还有一些更加具体和时兴的理论描述。诸如可持续理论、循环再生理论、相生相克理论、环境承载力理论、收益递减理论等。其实，这些理论的实质也可归于上述理论或学说的范畴。

在这些理论指导下，畜牧业清洁生产要实现三个目的：第一是资源利用的有效性；第二是减少废弃物产生，提高生物转化效率；第三是获得较好的经济效益。

第四节 畜牧业不同生产类型的清洁生产意义

畜牧业的历史发展至今，呈现出了不同的生产类型和经营管理方式。在不同类型的畜牧业实践中推行清洁生产理念，显然各自的要求和意义是不同的。

一、自然放牧型畜牧业清洁生产

自然放牧型的畜牧业是最接近天然生态的一种生产过程，图2-2显示了该生态系统的主要的生产环节和影响因素。

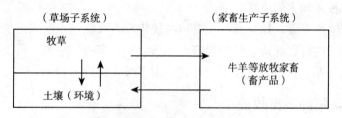

图2-2 自然放牧生态系统简图

在自然放牧生态系统，草原系统的牧草及其土壤构成一个子系统，它与放牧家畜子系统形成一个简单的生态体系。天然的牧草为家畜提供丰富的营养物质，牛羊的粪便又自然地反馈给土壤，土壤又滋养着牧草生长。从清洁生产的角度看，这个系统最为"天然"，畜产品也最为"干净"。当然，这种生态系统易受各种自然环境因子的影响，具有极大的不确定性。除了一些强烈的自然环境影响外，一些人为的因素也会干扰该系统的平衡和稳定。如空气的污染，超负荷的载畜量，过度放牧等，都会造成草原（草场）的退化、牧草质量的降低、畜产品质量下降或污染等。

对于该类型的畜牧业清洁生产，重点则是保护天然草原，防止天然草场的退化和人为破坏。要注意载畜量适当，不要超出草场的承载力；要科学地实行轮牧制度，促进草场的自我恢复能力；计划性地进行人工牧草的栽培和推广，提高草场的产量。

二、农区圈养型畜牧业

以种植业为主要内容的农业，是人类从游牧到定居，以及社会生产水平进步的重要阶段和标记。人类的生产方式和技术的提高，使得农业和畜牧业的水平都有了较大的发展。在农业区域，畜牧业的生产方式，以及与农业的关系也就变得较为复杂（见图2-3）。

图 2-3　农业与圈养型畜牧业的关系简图

图 2-3 可以看成是三个大子系统交互循环组成的。图 2-3 的左边是农业生产子系统，以各类农业种植业为主，为人类提供粮食和各类果品蔬菜等，没有利用的废物、残屑等回归农田（土壤系统）；图的右边是畜牧业生产子系统，家畜利用农业生产提供的粮食及其副产品（即饲料，包括各类牧草等）生产各类畜产品，家畜的粪便（厩肥）等回到土壤（农田）。

这种存在于广大农区的传统的种养结合型畜牧业，具有很强的代表性。一般都是以家庭为单位的养殖形式，规模一般不会太大，养殖条件和水平参差不齐。该类型的畜牧业当然受到农业生产的技术水平和产品质量（特别是饲料的种类、数量和质量）的直接影响，同样也受到经济投入和人们生活需要的制约。

从清洁生产的要求看，如果畜牧业养殖的规模与方式能与当时当地的农业生产等相适应的话，这种方式就可以保持一定的稳定性和持续性，即种养平衡，所谓畜牧业的污染也就不会成为大的问题。目前，这种生产方式受到了极大的冲击。

三、工厂化集约型畜牧业

随着现代各种科学技术广泛应用于畜牧业，畜牧业的养殖密度增大了，养殖周期缩短了，畜种和饲料实行专门化了，相对单位时间和人员的畜产数量大大提高了。当然，畜牧业的直接投资水平也大大增加了，畜牧业与其他行业的关系也更加复杂化了（图 2-4）。

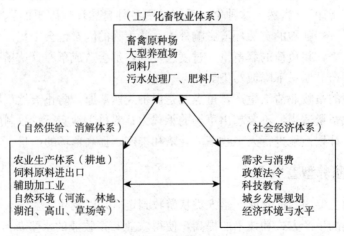

图 2-4　工厂化集约型畜牧业的关系简图

　　随着农业产业结构的调整，畜牧业走向规模化和集约化似乎是必然的趋势。这样的畜牧业更像是一个工厂，是一个相对集中、专业、高效的独立产业系统。在该系统中，从畜禽原种的提供，到养殖场、饲料厂的高度专业化，以及对污水处理（包括有机肥料的生产）的严格要求等都超越了以往传统畜牧业的生产水平和经营范围。当然，这种高度专业化的畜牧业离开自然大环境资源的约束、离开整个社会经济系统的保障是不可能存在和发展的。例如，从生产层面讲，自然资源供给与废弃物的消解体系是工厂化集约型畜牧业发展的基础。没有饲料原料的保障，没有整个农业体系对养殖污水粪便的接纳和消解，没有整个外在环境资源条件的维持，这种类型的畜牧业是不能持久的。

　　图2-4明确显示，工厂化集约型畜牧业是建立在更广泛的社会—自然—经济复合生态系统之上的。分析该类型畜牧业的发展问题应当具有系统观和全局观。本书将重点针对工厂化集约型畜牧业的清洁生产问题进行讨论。

第三章　畜牧业清洁生产的环境选择技术

第一节　畜牧业的环境因素分析

依据清洁生产的理论基础，营造畜牧业的良好环境是进行清洁生产的首要原则和条件。特别对于工厂化、规模化的畜牧场，更需要基本的环境条件来保障。

就畜牧业而言，所谓环境是指牧场周围的空间中，对畜禽生存具有直接或间接影响的各种条件（或因素）所组成的有机综合体。外界的各种生物，包括其他畜禽、牧草、树木、农作物、蚊蝇及其他各种昆虫、微生物等，构成了畜禽的生态环境。空气、土壤、岩石、水、各种矿藏物质等，构成了畜禽的非生物环境。这两种环境的总和就是畜禽面对的自然环境。当然，也可以把畜禽的环境分为大环境和小环境。前者就是影响畜禽生长的各种间接因素，如海拔、地理纬度、气象因子等；后者就是那些直接影响因素，如温度、湿度、光照、水质、土壤、饲料、昆虫和微生物等。在上述分析中还应当包括人类的社会环境，如交通、能源、人类生产生活等其他影响畜禽的各类因素。为了方便比较，有利于环境条件的选择，以下分别论述这些环境因子及其影响特点。

一、自然地理因子

这里主要包括地形、地貌、海拔、地理纬度等。这些虽然都是大环境因素，但对于选择养殖场地址、进行畜禽舍的设计建设均影响深远。从进化的角度看，家畜家禽首先是大环境的自然选择结果。不同的畜禽适应不同的环境条件。以海拔来说，不同的海拔有不同的畜禽分布，同类畜禽则有着不同的体型外貌的适应特征。难以想象，把高海拔的牦牛（主要分布于青藏高原地区）养殖在低海拔地区，或者把低海拔的水牛养殖在高海拔地区将会是如何的效果。因此，这些自然环境因素应当是进行畜禽选育、引种乃至养殖条件的创建必须首先考虑的。

以地形和海拔来说，我国地势西高东低，自西向东可以分为四个阶梯：第一阶梯为西南部的青藏高原，平均海拔4 000米以上，主要畜种有牦牛、犏牛、藏绵羊、山羊等，以放牧为主；第二阶梯外缘向东到大兴安岭、巫山、雪峰山连线之间的地域，包括内蒙古高原、黄土高原和云贵高原等和塔里木盆地、准格尔盆地、四川盆地等，海拔平均1 000～2 000米，是我国放牧畜牧业的主要集中地区，主要畜种有马、黄牛、绵羊、山羊与骆驼等；第三阶梯是从上述连线向东直到海岸，为低山、丘陵、平原相互交错的地区，大部分地区海拔在500米以下，包括东北平原、华北平原、长江中下游平原等地区，放牧畜牧业比重减少，而以农区圈养型畜牧业为主，畜种有牛、马、驴、（骡）、猪、鸡、鸭、鹅等；第四阶梯是我国大陆向边缘海（黄海、东海、渤海、南海等）的大陆架区域，海拔普遍低于100米的东部以及东南沿海的三角区、滨海平原等地区，是纯粹的农业区，养殖业发展水平较高，规模化、集约化的畜牧业较为集中，主要畜种是黄牛、水牛、山羊、猪、鸡、鸭、鹅等。

二、气象气候因子

相对于自然地理因子来说，气象气候因子具有较大的不确定性，变化的时间、强度、幅度等都是不确定的。例如温度、湿度、光照（强度）、降水量、风（向）力等气象因子都是直接影响畜禽生长发育和生产性能的重要因素，特别是对于自然放牧型畜牧业来说更是最直接影响的因素。人类对有些因素变化甚至无能为力，只能被动适应。

而对于舍饲养殖，或者规模化、集约化的畜牧业而言，更应当关注人类可以干预的局部环境影响。这个环境也称人工环境，其环境因子也称次生环境因子。正因为可以人为控制环境，20世纪60年代后期，出现了工厂化、高密度、集约化的畜牧业。尽管这种畜牧业存在许多问题，但今天仍然是畜产品的主要生产形式，也是我们要重点研究的生产形式。

1. 气温 气温是直接影响畜禽生长、发育、繁殖、生产的最重要气候因素之一。我们养殖业的主要对象家畜和家禽（鱼类另外）都是恒温动物，它们的生理特征要求有一个温度范围以保持体温的恒定和舒适，只有这样才能使得养殖效益最大化。每种畜禽都有一个临界温度（图3-1），当环境温度下降，散热量增加，畜禽必须提高代谢率，而进入化学调节提温阶段，这时的环境需要温度称为下限临界温度；反之，当环境温度上升，机体散热受阻，物理调节作用不能维持机体热平衡，体温提高了，代谢率也提高了，这时的环境温度称为上限临界温度。如成年产乳母牛可以忍受低温为－24～－10℃；被毛40毫米长的绵羊，在充分饲喂的条件下，可以忍耐低温－40℃；而体重30～100千克重的猪，在自由采食的情况下，下限临界温度只有10℃，1千克重的肉用仔鸡临界下限却是16℃。

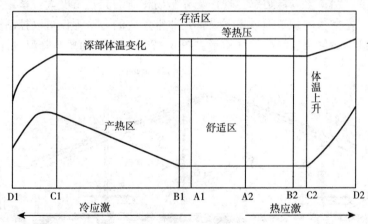

图3-1 环境温度与体温调节示意图

（参考黄昌澍《家畜气候学》）

A1—A2：舒适区 B1—B2：物理调节区 B1—C1：化学调节区 B1：临界温度 C2：过高温度（高温临界）

C1：极限温度 D1—C1：体温下降区 C2—D2：体温上升区

畜禽对温度的适应常常与湿度具有割不断的关系，一般湿度高温度低就感觉更冷，湿度高而温度也高时就感觉更热。表3-1是不同生长阶段猪的适宜温度，据此可以为猪只提供相应的保温条件。这些数据的研究甚多，都是我们研究畜禽舍的设计建设的基本参数。

表 3-1 不同生长期猪的适宜环境（温湿度）条件

猪只状态	1～7日龄乳猪	哺乳仔猪	保育猪	生长猪	育成猪	后备母猪	怀孕母猪	带仔母猪	公猪
体重（千克）	1.3～2.5	2.5～7.5	7.5～20	20～60	60～90	100～130	130～230		120～250
环境温度（℃）	30～35	26～28	22～26	18～22	16～18	16～18	16～18	18～22	14～18
环境湿度（%）	60～70	60～70	60～70	60～75	60～80	60～75	60～80	60～70	60～80

注：资料来自编者整理。

2. 湿度和风速　湿度是指空气中水蒸气的含量，含量高则湿度大，含量少则湿度小。影响空气的湿度因素主要有温度、大气压和水分的分压。表示湿度的指标单位也很多，一般我们常用的是绝对湿度和相对湿度。绝对湿度是在一定温度和压力下，一定体积的空气中含有的水蒸气的绝对质量，其单位是克/米^3。当水分含量增加到最大时（超过这个量就会有水凝结）这个水蒸气含量即为饱和湿度，而且，随着温度增高则绝对湿度会增大，反之会降低；随着压力变小绝对湿度也会变大，反之会降低。相对湿度则是在某一设定条件下（温度和压力等），空气中的水蒸气含量与该条件下最大湿度之比，如相对湿度75%，就是只占到最大时的75%水分含量。

风速则可以改变湿度，也可以改变温度。当温湿度对畜禽生长、生产不利时，可以通过改变通风条件，改变风速来进行调节。特别是在高温高湿的环境下，通风可以同时降低温度和相对湿度，给畜禽以舒适感。现代化养殖场相对的养殖密度大，畜禽舍又多为封闭式建筑，所以在畜禽舍内装置通风换气设备是非常重要的。这不仅可以控制温湿度，也可以除尘、减少微生物繁殖、净化空气质量。图3-2是牛场的通风与降温设计。

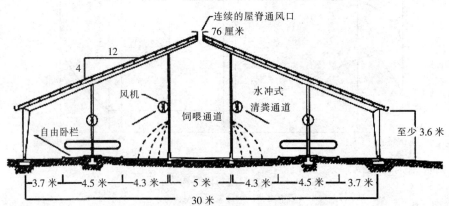

4列式牛舍降温设备布置自由卧栏上方配置风机，采食通道上方配置风机加喷淋。风机直径：风机间隔＝1:10

图 3-2 牛舍通风和降温设计示意图

（引自：中博牧业，白文财，杨凌：2012）

3. 光照　太阳光按照波长可以分为远红外线、红外线、可见光线、紫外线等，这些光波对畜禽的影响是不同的。除了关注红外线的制热效应和紫外线的杀菌效应外，在日常养殖中，我们更应当关注可见光线对畜禽生长发育的影响。

光照时间和强度对畜禽生产都有影响。如延长光照可以提高蛋鸡的产蛋率，也有的人利用3小时光照，2小时黑暗反复周期照明的办法，可以促进雏鸡生长，提高饲料利用率。有的研究认为以饲槽为水平，光照10～16勒克斯（勒克斯：光照强度单位，指单位面积上所接受可见光的能量，简称照度）对产蛋鸡为宜，超过则会发生啄癖；另外白色光可诱发鸡的争斗，而红色光有抑制作用。

在畜禽舍的设计建设中，可以通过房舍朝向、窗户大小等调整自然光照。当然设置人工光照，进行主动控制也是十分必要的。

三、土壤、植被和饲料

1. 土壤和植被 土壤是影响自然环境的重要因素，它直接或间接地影响着畜牧业。我国地域辽阔，土壤分布也较为复杂。一般来说，秦岭以北为碱性土，秦岭以南为酸性土。在酸性土中含钙量低，植物普遍缺少钙磷，一些地域还缺乏钴、碘、铜等元素。我国土壤的结构类型也呈地带性分布。土壤中的有机质由北向南逐渐减少，质地黏重，结构不良，耕性差。其实，土壤对畜禽的影响主要是通过植被传递的，即土壤决定植被分布，植被又决定畜禽的分布，自然放牧型畜牧业就充分体现了这一点。在我国，草甸草原、新疆等地的高山亚高山草甸草原以及亚热带低山丘陵草山草坡等都是优良的放牧地。

看似与土壤和植被没有直接干系的集约化和工厂化养殖业，随着畜禽粪便产量的不断增加和排放，耕地土壤的消解承载力已经受到极大挑战，有的元素成分已经通过植被（作物）吸收，反过来又影响到人类自身的健康。据巴纽埃洛斯的资料介绍，频繁使用厩肥会造成土壤营养失衡，并且可能对土壤、地表水和地下水造成污染，据估计，英格兰耕作土壤中输入的总铜和总锌的37%～40%来自于厩肥的施用；因厩肥引起的高浓度NO_3-N，可以通过水、蔬菜等提高人类癌症的发病率；有些土壤中的金属元素也在大幅度增加，引起多种疾病（如在日本发生的镉元素引起的疼痛病）；施用了厩肥的庄稼，其$K/(Ca+Mg)$值超过2.2，就会使得饲喂的牛患有饲草性痉挛的风险。因此，通过大规模畜禽养殖产出的大量粪便等有害物质已是当前环境治理的重要问题。

2. 饲料 据农业部于康震副部长的介绍，我国2015年饲料产业集中度进一步提高，年产量100万吨以上的饲料企业有32个，占全国总产量的51%（注：2015年全国饲料产量1.8亿吨，2016年将突破2亿吨，来自中国畜牧业信息网）。现在就是一般个体养殖户，也在批量使用配合饲料。配合饲料工业的发展已经高度专业化，因此饲料的原料质量、价格甚至饲料的供给渠道和管理是规模化养殖的关键所在，由于养殖成本的70%以上来自于饲料，许多规模化养殖场或者自建饲料厂，或者与饲料厂联合形成新的利益集团等。

饲料不仅是最大的养殖业原料，更是养殖业安全以及畜产安全的重要保障，所以，清洁生产更不能忽视饲料这个环节。

四、社会环境

畜牧业是人类的生产活动之一，自始至终与人类的活动密不可分。人类的活动区域、生活方式、生产方式都会直接或间接影响到养殖业的发展水平和发展模式。

在畜牧业发达地区，养殖业的产值已经超过了种植业，畜产品的供给直接影响到人们的生活水平，其价格和质量变化甚至影响到社会稳定。人们不断给予畜牧业更高的期望。但是，畜牧业毕竟是一个生产行业，社会资源的供给和条件也是畜牧业发展的主要因素。特别是在规模化、集约化带来的环境问题频频出现的情况下，养殖场的规划设计和建设就必须考虑众多的社会问题。诸如，养殖场必须远离城镇人居区、远离主要交通线路、尽量不占据耕地、不影响当地水源质量，另外畜禽粪便还必须进行无害化处理，做到环境友好，持续发展。而这些问题的落实需要社会环境的配合，养殖企业更应从当地社会环境和自然环境的结合中探讨发展的规模和形式。其实，许多问题已经通过有关法律法规进行了规范，此处不再赘述。

第二节 养殖场的选址

从清洁生产的本意来讲，选择恰当的地址建场，可以减少养殖粪便等对自然环境的影响、减少对人居环境的影响、减少生产环节中不必要的成本支出（如水、电、气、路的方便性和成本等问题）、减少对疫病防治的成本，同时也是保障养殖场本身持续健康发展的关键性环节。据 2010 年陕西省的一项调查显示，同时满足离村庄、养殖场、生活水源、交通主干线 500 米以上的养殖场只有 1 028 个，占到全省规模养殖场的 21.2%。整体规划符合农业部"畜禽场区设计技术规范"的不足 10%。所以，养殖场的选址是规模化养殖建设规划的第一环节。

一、选址的原则

养殖场地址的选择受到许多因素的制约，诸如自然地理的限制、社会环境的制约以及养殖场生产方式的影响等。因此在选址方面还需要遵循如下几方面原则：

1. 环境适宜，不影响居民的生活 本原则主要是从畜禽防疫和规模养殖业对人居环境的影响等角度考虑。对此，国家有关部门都有法律法规（详见附录有关法规要求）。

养殖场应在当地人居环境的下风头；一般规模化养殖场应距离人居集中点 1 000 米以上，且 3 000 米以内没有化工厂，与其他养殖场距离在 2 000 米以上。应远离主要交通干线。养殖场不要选在有疫病历史或发生疫病的区域内。不应在人居水源地区、风景名胜区、自然保护区建设养殖场。不要选择在自然灾害多发地或者已经污染严重的地区。养殖场区域还应考虑选择向阳、避风且有充足的优质水源的有利地势。

2. 规模适中，要有较好的经济效益 养殖规模大小也是决定场址选择的主要因素。在确定养殖规模大小时，还要兼顾投资与效益的估算，可以进行一定的经营模拟设计，依据模拟的规模选择恰当的场址。2010 年农业部发布了《农业部关于加快推进畜禽标准化规模养殖的意见》，提出了"全国畜禽标准化示范创建活动工作方案"，明确规定了畜禽标准化示范场规模要求（表 3-2）。

表 3-2 农业部畜禽标准化示范场规模要求

畜禽种类	规模	说明
生猪	能繁母猪存栏 300 头以上，育肥猪年出栏 5 000 头以上（含 5 000 头，下同）	
奶牛	存栏奶牛 200 头以上	配套挤奶站有《生鲜乳收购许可证》，运送生鲜乳车辆有《生鲜乳准运证明》
蛋鸡	10 000 只以上	产蛋鸡的养殖笼位
肉鸡	年出栏 100 000 只以上，单栋饲养量 5 000 只以上	
肉牛	年出栏 500 头以上	
肉羊	年出栏肉羊 500 只育肥场或存栏能繁母羊达 100 只以上	

也有依据养殖规模大小来划分养殖场的类型的，表 3-3 和表 3-4 是俞美子等推介的规模划分表。

表 3-3 养猪场种类及规模划分

类型	年出栏商品猪头数（头）	年饲养种母猪头数（头）
小型场	≤5 000	≤300
中型场	5 000~10 000	300~600
大型场	>10 000	>600

表 3-4 养鸡场种类及规模划分（万鸡位）

类型	小型场	中型场	大型场
祖代鸡场	<0.5	0.5~1.0	≥1.0
父母代蛋鸡场	<1.0	1.0~3.0	≥3.0
父母代肉鸡场	<1.0	1.0~5.0	≥5.0
商品蛋鸡场	<5.0	5.0~20.0	≥20.0
商品肉鸡场	<50.0	50.0~100.0	≥100.0

但鉴于我国的实际情况，应以中小型养殖场为宜。因为养殖场产生的畜禽粪便等废弃物最好就近消解，从管理、防疫、土地使用效率等方面也都不宜于较大规模的养殖。表 3-5 是作者推介的一般山区规模化养殖规模的建议。

表 3-5　一般山区养殖规模标准划定（以年出栏数划分）

养殖场类别	一级规模（大型）	二级规模（中型）	三级规模（小型）	备注
养猪场（头）	≥3 000	3 000~2 000	>1 000	
养牛场（头）	≥200	200~50	>20	
养羊场（头）	≥500	500~200	>100	陕南白山羊
蛋鸡场（只）	≥5 000	5 000~2 000	>1 000	以存栏量计
肉鸡场（只）	≥20 000	20 000~5 000	>3 000	

资料来源：王忙生根据商洛山区养殖条件推荐。

3. 三通便利，能保证物流的畅通　这里的三通是指水、电、路的到位和方便。一个养殖场有大量物资（如饲料运输、畜产品的运输、粪便处理与转运等）需要运输，正常的生产需要能源到位（必须有支线电力网的支持，同时应设置应急发电系统），应有可以自取的水源或自来水供给，还应当具有与外界连接的专用或公用道路。

另外，现代化的养殖场还应当具备公共网络系统，以便建立更广泛的市场联系和信息沟通。为便于员工的生活，养殖场距离一般综合性社区应在 2 000~2 500 米。

4. 预留空地，对以后的发展留有足够的空间　预留发展空间的主要目的，就是为将来多种经营、技术改造或其他产业连接的发展留下一定的空余地。当然，也可以把设定的养殖规模分期进行投资。但预留空间应当在开始就应纳入到总体规划中，特别是基础设施和能源供给方面要一次计划到位为好。图 3-3 是陕西省原种猪场外景图，占地 300 亩[*]，2001 年经改扩建，建设各类圈舍 35 栋，基础群母猪规模可达 3 000 头，年提供种猪20 000 头，商品猪 40 000 头。图 3-3 中可以显示部分外围环境。

图 3-3　陕西省原种猪场
（陕西扶风县）

---

* 亩为非法定计量单位，1 公顷=15 亩，下同。

　　图 3-4 是位于杨凌的陕西秦宝牧业发展有限公司"秦宝牛"杨凌现代肉牛产业园的养殖场部分外景。该公司于 2010 年投资 1.8 亿元，占地 1 300 多亩，实行规模化、标准化育肥。另外，该公司还于 2013 年，在甘肃省灵台县建成了"秦宝牛"甘肃灵台现代肉牛产业园，产业园一期总投资 1.86 亿元，占地 2 159.85 亩，建成了静态存栏量 10 000 头肉牛的标准化优质肉牛育肥场（详见图 3-5）

图 3-4　陕西秦宝牧业发展有限公司"秦宝牛"杨凌现代肉牛产业园外景（示厂区、牛舍）

图 3-5　陕西秦宝牧业发展有限公司"秦宝牛"甘肃灵台现代肉牛产业园外景（示外围环境）

二、选址的方法

　　选择建设养殖场的具体地址，还需要注意一些方法。这些方法的基础虽然都是综合性的，但也各有其特殊性和实用性价值，可以作为选址决策的主要思路。

　　1. 环境优先法　　由于规模养殖场的畜禽粪便已经成为社会各界关注的一个重要环境问题，除了控制规模以减少粪便和污水产量外，选择能够容纳和消解养殖场粪便的恰当区域，应当是选择养殖场的第一考虑因素。一般地讲，养殖场周围应当有足够的耕地及大量的种植业支撑。

　　在上述大原则下，选址的外围环境越僻静越好。如能够选择青山绿水、相对地理隔离、又没有过多的外围单位或设施干扰的地方，这是不二之选择。

2. 效益导向法 效益导向法也称为经济导向法，就是按照"投资—效益"的最优化原则，选择场址、建设养殖场的。养殖场的区域选择、养殖方式选择、规模大小的选择都要进行投资与效益的评估，不是越大越好，也不是技术越高越好，更不可以为规模而规模、为了外观豪华化而建设。可以进行一些经济效益模拟，有益则做，无益则罢。

3. 产业综合法 养殖业的产业链上游和下游都牵涉到市场问题，也牵涉到资源，尤其牵涉到饲料、饲草资源。没有充足原料资源的保障，规模化养殖必然受到极大限制。就是对于下游的储运、加工、销售等环节也应当给予全面的综合考虑。另外，养殖场与将来畜产品的终端市场的距离等关系也应综合考虑。

从清洁生产的角度看，我们希望选择环境优先法，同时兼顾其他两个方法的选址原则。

三、选址的重点环节与技术要求

1. 养殖场用地面积的确定 养殖场的用地应当符合当地农业发展总体规划，一般不要占用农田，尽量选择撂荒地或产量较低的劣质地。依据养殖场设计的规模估算需要征用的面积，可以参考有关方面的经验数据，如参考表3-6数据，就可以大概估算出一个养殖场需要的土地面积。

表3-6 养殖场土地征用面积估算表

场别	饲养规模	占地面积（米²/头）	备注
奶牛场	100～400 头成年牛	160～180	有运动场
肉牛场	牛出栏育肥牛 1 万头	15～20	
种猪场	200～600 基础母猪	75～100	有运动场
商品猪场	600～3 000 头基础母猪	5～6	
绵羊场	200～500 只母羊	10～15	有运动场
奶山羊场	200 只母羊	15～20	有运动场
种鸡场	1 万～5 万只种鸡	0.6～1.0	
蛋鸡场	10 万～20 万只产蛋鸡	0.5～0.8	
肉鸡场	年出栏肉鸡 100 万只	0.2～0.3	

引自：李如治. 家畜环境卫生学. 北京：中国农业出版社，2003。

2. 地形地貌的选择 养殖场的地势一般要求相对高一些，且干燥、背风、向阳、平坦为佳。地势低洼的场地则容易积水、潮湿、闷热、滋生蚊蝇等。坡度平缓，地形以方正形为好，便于统筹设计。

对于清洁猪场、牛场一般要求选择相对平整、开阔、有足够面积的地方。因为猪场、牛场必须具有运动场地，而且粪便量也相对较多，所以地势要宽阔便于设计。对于羊场、放养或笼养的鸡场，地势走向可以放宽（如山区坡度应当小于25度）。

地形地势选择时还应当注意雨水流向以及场内污水的流向问题。在大中型养殖场，一定要进行雨污分离，特别是生活区的污水不能流经生产区。全场的污水应当进行适当的处理方可排向外界。特别是一些平原地区，养殖场地要注意排水，尽量在地下水位低的地方建场。

靠近河流、湖泊地区，要选择地势较高的地方，应当比水文资料中最高水位再高出1～2米，以防洪水时受淹。

3. 水源与水质的选择　用水来源以及用水量是必须考虑的基础问题，而且水质更是关键因素。养殖场的水质应当符合生活饮用水水质标准，所以尽量选择自来水，或者自备的地下水源（但水质要求化验认证。现执行的标准是 NY5027—2008《无公害食品　畜禽饮用水水质》、NY5028—2008《无公害　畜禽产品加工用水水质》）。对于用水量可以按照不同养殖方法和规模进行估算。

以规模化猪场为例，按照欧共体的估算，猪的日常用水包括4种方式：第一是维持体内平衡和生长所需要的水；第二是必须用水以外多摄入的水；第三是布水系统结构不合理造成饮水过程浪费的水；第四是满足猪只其他行为需要的水（如嬉戏），具体见表3-7。

除此之外，养殖过程还需要清洁用水，这个取决于养殖条件和方式，表3-8是猪舍清洁用水量的估算。

表3-7　生猪和母猪不同生长阶段的用水量

猪（种类）	不同生长期（天）	水/饲料（升/千克）	用水量［升/（天·头）］
	25～40	2.5	4
生猪	40～70	2.25	4～8
	70天至成猪	2.0～6.0	4～10
后备猪	100天	2.5	
	受孕85天		5～10
母猪	受孕85天至产仔	10～12	10～22
	哺乳	15～20	25～40（无限制）

注：资料来源于欧共体联合研究中心（化学工业出版社，2013：125. 表3-8同）。

表3-8　猪舍清洁用水估算

系统/农场类型	用水量	系统/农场类型	用水量
固定地板	0.015米³/（天·头）	育种猪场	0.7米³/（天·头）
部分漏缝地板	0.005米³/（天·头）	生猪饲养场	0.07～0.3米³/（天·头）
漏缝地板	0		

4. 对土壤特性的选择　现代化的规模养殖场，一般实行限位栏、水泥固化活动场地等形式养殖畜禽，所以，对于选择地的土壤要求不高。只要不是疫病废弃的养殖场或旧的其他动物养殖场，一般都可以选择。

但是，对于有一定自由活动要求或者一般散养的畜禽场，则需要注意土壤的性质。一般要求土壤透气性好，易于渗水，热容量大，这些土壤能够抑制微生物、寄生虫和蚊蝇的滋生，没有较大的昼夜温差，畜禽在土壤上运动、嬉戏不会有伤害。其他要求前文已有论述。

第三节 商洛山区清洁养殖场选址案例

一、商洛山区养殖环境简介

商洛山区位于陕西省东南部，地处秦岭东段南麓，隶属商洛市管辖。全市国土总面积19 292千米²，占全省总面积的9.36%。商洛地跨长江、黄河两大流域，位于暖温带和北亚热带过渡地带，气候温和，雨量充沛，四季分明，属半湿润山地气候。地势总趋势是西北高东南低，北部为绵延东西的秦岭山脉，南部则是河—岭相间，有蟒岭、流岭、鹃岭等。因此，商洛又有"八山一水一分田"之称。独特的地理和气候条件，赋予了良好的生态环境、丰富的生物资源和多样性的农牧业生产背景。

就当地传统的农牧业而言，多种种植和多样化养殖是其最大的特点。农户利用自家居住的环境条件，进行放牧或圈养牛、羊，利用丰富的农副产品进行猪、家兔、土鸡等养殖。但是，随着农村大量强壮劳动力人口流出，农业产业结构发生了巨大变化。一些河道平地被征用，面积大大减少，山坡地又无人力开垦，传统一家一户的养殖模式也被规模化养殖场（企业）代替。但是，在山区建设一个相当规模的养殖场却面临许多障碍：第一，没有太平坦的大片面积土地供选择；第二，没有大量种植业作为畜禽粪便的消解配套体系；第三，水资源、饲料资源十分缺乏；第四，交通条件和其他社会服务相对较差。

尽管如此，近几年来，养殖业规模化发展仍然较快（表3-9），而且以规模化养猪发展最为迅猛。其实，许多养殖场已经开始面临巨大的环保审核的压力。事实已经说明，在山区，盲目追求大规模养殖场是不现实的。

表3-9 商洛市肉牛、羊、猪养殖规模化的变化

类型	养殖规模划定	2008年	2009年	2010年	2011年
肉牛	年出栏50头以上户数	6	14	34	36
	年出栏总数占全市出栏总数比例	0.8%	2.0%	5.0%	5.9%
羊	年出栏100只以上户数	78	184	258	281
	年出栏总数占全市出栏总数比例	3.9%	9.2%	12.0%	13.5%
猪	年出栏1 000头以上户数	17	48	94	193
	年出栏总数占全市出栏总数比例	3.0%	15.4%	15.8%	26.3%

注：数据来自于商洛市畜牧产业发展中心数据库，养殖规模划定为作者按照当地情况确定。

二、雄麒牧业有限公司华阳种猪场选址

雄麒牧业有限公司是一家私营畜牧企业，公司位于陕西省商洛市洛南县。华阳种猪场是该公司核心养殖场之一。该场选址十分适合山区的特点，恰似一个"世外桃源"。该场位于洛南县城关镇的宋村（图3-6）。具体地址是在宋村东侧的一个山坳里，三面环山，山口朝北。山坳里没有人家，是原来生产队修整的农田和一些坡地，相对平整，坡度大约

5度。该山沟距离县城约5千米，距离八里桥乡政府2千米，距离集中居民点1千米以上。厂房、畜禽就建在封闭的山沟谷地内，山坡上树木茂密，与外界形成了自然隔离。山沟呈长方地形，南北约1 000米，东西约100米。水源自备，取自相邻另一个沟的山泉，电力资源较为充足（距离乡村干线较近）。厂区北门通向沟外乡村干道，交通也十分便利（见图3-7、图3-8）。

图3-6　洛南县宋村：雄麒牧业（宋村）猪场位置图

图3-7　雄麒牧业华阳种猪场大门内的生产厂区大门（平时封闭）

目前，该养殖场存栏繁殖母猪300头，成年公猪20头，规模适当，主要为全县的养殖户提供优质种公猪精液（洛南县种公猪精液站）。另外，在场区的下游建有一个猪粪便加工厂（采用干出粪便、污水再处理的方法）。应当说，这个养殖场在选址方面，既符合行业要求，又恰当地利用了当地的自然环境，给养殖场未来的经营和发展打下了较好的基础。

图3-8　华阳种猪场场址最外边的大门（大门右旁有人行消毒通道设施；三人中间为作者）

第四章 畜牧业清洁生产的设施建设技术

第一节 养殖场及其设计建设的原则

一、养殖场概念及其组成

1. 概念 养殖场也称为畜牧场（Animal Farm），就是以畜禽（已被人类驯化的哺乳类和禽类动物）为养殖对象，以获取畜产品（如皮、毛、肉、乳、蛋等）为目的的工作场所（或养殖场所）。因此，养殖场一般是不同于动物园的。基于上述概念，养殖场就是一个生产单位，并且是一个特殊意义的生产单位。它既是以畜禽为生产对象，同时畜禽又是直接的生产者。畜禽是在人为提供的各种条件（产地、饲草、水源等）下，为人类提供特殊的畜产品的。

那么，选择好养殖场所、建设好养殖场，既是为养殖对象（包括各类畜禽）建设一个合适的"家"，又是为人们的畜牧业生产活动建设一个合适的场所。当然，因为养殖对象不同，养殖方式不同，养殖的技术不同，养殖场的设计与建设就大有区别。

2. 规模养殖场的基本组成 因为养殖场兼有生产场地和畜禽本身的居住环境的属性，所以在建设上要充分注意畜禽本身的生理需要和生产要求，特别要以畜禽为中心来设计和建设合适的养殖场。当然从"健康养殖""生态养殖"和"清洁养殖"的理念和原则出发，也需要注意养殖场内所有工作人员的生活环境安排。

一般的情况下，养殖场还必须由适当的管理部门和生产组织环节来组成。我们把养殖场所有建筑物和生产区内的饲料、原料以及其他资料的堆场面积之和占养殖场总面积的百分数称为建筑系数（％）。对于一般规模化养殖场建筑系数保持在50％～60％为合适。建筑系数越高，说明畜禽的活动地、场区绿化地、预留地等就越少。当然，建筑系数也与养殖技术水平、设施投资水平有关，封闭型的、高密度式养殖，建筑系数可以高一些。

规模化养殖场一般包括下面几个基本设计单元或区域。

（1）行政管理区：这是养殖场行政办公、技术服务、对外联系、人员生活等的综合管理区域，设计上应当服从整体设计安排。

（2）工作人员居住和生活区：养殖场的人员可以分为管理人员和饲养人员，后者每日要与畜禽打交道，一般要居住集中，且每日进出养殖场地应有清洗和消毒的设施。而且人员居住应当在养殖场的上风头。

（3）饲料库房与配制车间：饲料仓储量要求保证正常饲用流转量即可，一般不宜储存太多，一方面占用资金，更重要的是长期储存影响质量。一个规模养殖场最好要具有一定的饲料配制能力，这不仅可以节约成本，也可以随生产变化调节饲料的种类、质量和价格。

（4）能源动力供给区：小型养殖场具有一般居民的电力供给即可。对于大中型养殖场需要专门的电力设计，特别是动力电的供给。大中型养殖场的动力设备主要有饲料加工、生产用水处理、粪便分离和处理等，应当按照具体规模进行估算和配置。按照清洁生产的目标，养殖场的粪便污水排出应当最大限度地最小化。

（5）畜禽舍：按照不同畜禽的种类、繁育方式，以及生产技术水平，设计不同的畜禽舍。具体的建筑结构、材质、门窗、采光、通风换气等均要符合该舍内畜禽的特点。

（6）粪便处理与设施：粪便处理是养殖场必须进行的工作环节。因为生产方式的不同，所以处理的方式和水平不同，排出场外的粪便形式与数量就有很大的区别。所以，实际设计时要据实际粪便数据进行实际预算，并预留好粪便处理的空间和外运的通路。

（7）疾病治疗室：疾病治疗室也即兽医室。负责养殖场的畜禽的疾病救治、免疫以及防疫等工作。对于规模化、标准化养殖场，兽医室是不能缺少的。一般应当配置1～2名兽医人员。

（8）环境绿化区：从清洁生产的本意出发，养殖业的各个环节都应体现"清洁"二字。绿化不仅是美观，更因为绿化可以遮阴、清洁空气、防止尘埃等，从而为畜禽提供舒适的小环境，间接提高畜禽的生产效率。可以设定绿化率（即绿化面积占厂区总面积的百分比）来衡量养殖场设计的绿化水准。

图4-1展示的是集约化畜牧场的一般结构单元和生产管理流程。

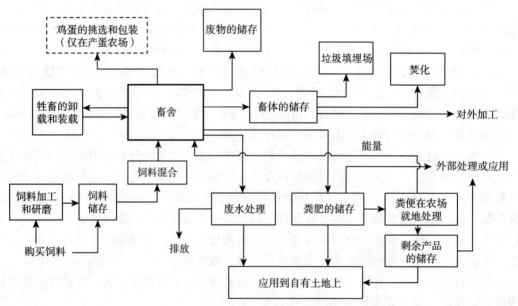

图4-1　集约化畜牧场的一般活动方案

（资料：欧盟联合研究中心，2013）

3. 现代化畜禽舍的基本建设组成　畜禽舍，即畜禽日常活动、生产与居住之所。除了基本的地面、墙壁、门窗外，规模化、现代化养殖场还需要充分体现人为的环境调控能力，以便为畜禽提供更科学、更舒适、更有效的小环境。

如针对规模化奶牛产牛舍设计，中国农业大学施正香教授就提出了十个设计和建设系统，详见图4-2。其他畜禽舍也可以参考这种思路，结合具体养殖要求来规划应有的控制系统。

有关畜禽舍的具体建设要求,我们将在后面章节中论述。

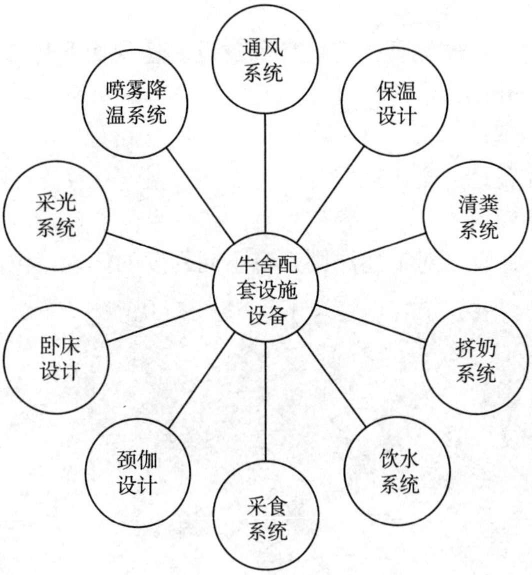

图 4-2 牛舍设计系统的组成

(引自:中国农业大学施正香报告.杨凌,2012)

二、养殖场设计的总原则

要把上述的各种单元有效地集合起来,建成一个有序、有效、节约、清洁、环保的现代化养殖场,则必须遵循下列一些总原则。

1. 因地制宜原则 就是要在选址基础上,依据地形、地貌、土质、水源、道路等环境条件,进行合理布局设计,尽力减少不必要的工程量。在预计的养殖规模下,按照家畜场内可能采取的养殖技术水平和全场的生产流程,合理计划,因地制宜地设计和建设。

2. 简洁实用原则 养殖场是以最大限度提供优质的畜产品为目的的,所以,各种设施和工程均以实用为主,以人员工作方便、有效为基本原则,反对不必要的"豪华型"设计和建设。

3. 安全舒适原则 要以家畜本身的健康、舒服、安全为主,这是清洁生产的基本要求,也是健康养殖对家畜应有的福利原则。同时兼顾工作人员的住、行、食等设计。养殖场整体上达到合理、安全、舒适。

4. 流程有序原则 这里特别是指场内的"人员流""饲料流""家畜流"等要有序、合理而且高效,对于大中型养殖场尤为重要。一般流动的方向应当保持一致性,要减少交叉,特别是粪便和污秽物的流向不应与人员、饲料等交叉,而且应向下风头方向流转,最后经处理排出场外。

5. 环保优先原则 畜牧业清洁生产是未来的主要方向之一。环保一票否决制也将在畜牧业上实施,所以,养殖场的"三废"问题要在优先设计和建设之列。2014 年国家公布了《畜禽规模养殖污染防治条例》和《水污染防治行动计划》对禁养区的划定,已经提出了明确要求。

6. 节约用地原则 土地既是资源，更是投资，要在预留地外，尽可能地用好每一分土地，产生最大的经济利益。

总之，在遵循上述这些原则下，在设计和建设上达到如下几个目标：

第一，功能区域分开；

第二，建筑布局合理；

第三，配套设施完备；

第四，生产流程顺畅。

从图4-3至图4-9看，对上述原则都有不同程度的体现，供参考。

图4-3 国外某养殖场的整体实景图（显示生产区、生活区与外围环境的关系）

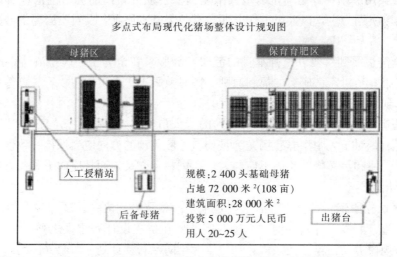

图4-4 存栏2 400头繁殖母猪的现代化养殖场设计图（显示场内分区和流程）

图4-5　现代化养殖场全景图（示区域分隔、布局的设计）

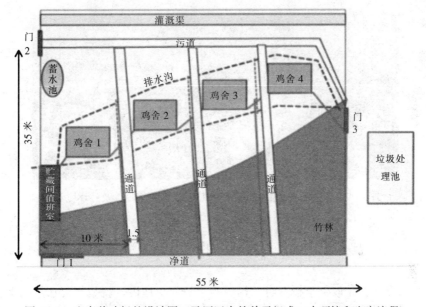

图4-6　生态养鸡场的设计图（示厂区内的单元组成、小环境和生产流程）

图4-7　分娩猪舍内的设施（分娩栏、仔猪保暖箱、饲喂系统、漏缝地板等设备完善）

图 4-8　猪舍内的设施（示饲槽、饮水器、活动场地与通道等）

图 4-9　养猪场全景图（示自备水塔、场区隔离设计及外环境等）

第二节　养殖场的生产流程设计

养殖场的设计首先取决于投资者的投资水平。简单地讲，就是投资水平的多少决定着规划设计的层次。但是，养殖方式选择和技术应用的水平却决定着规划设计的细节，也就是说实际生产流程如何组织，它的管理流程又如何进行，各个环节又如何关联等，直接决定着养殖场的设计水平、决定着畜禽舍和其他配套设施的建设数量。只有把这些因素设计到位，才能做到科学合理地组织生产，而且最大限度地节约资源、减少成本、提高效益。因此，养殖生产流程的确定就是首要要考虑的因素。

一、制约生产流程设计的因素分析

（一）养殖场性质

从畜禽养殖的实际目的和管理过程看，养殖场可以按照繁育体系分为原种场、祖代场、父母代场、商品繁育场等。不同性质的养殖场，其规模大小、组群方式、周转过程、饲养管理、环境条件以及畜舍设置等都有不同的设计要求。

一般地来说，原种场要求环境幽静且较稳定，规模不宜过大，生产流程设计以小群为主，以科研需要为主。原种场的目的就是进行品种培育，通过新科技的应用不断提高品种品质，或者培育出新品种。它是各类畜禽养殖的基础工程，没有稳定的品种培育、没有优良品质的新品种作为后盾，畜牧业的发展就会受到"种源性"限制。畜牧业的种质资源是一个国家发展畜牧业的根本保障之一。以普通繁殖生产为主的商业性的养殖场，规模可以适当放大一些，在生产流程设计时主要关注生产管理的有效性等方面。

（二）养殖规模

养殖规模直接决定着投资的大小，虽然养殖规模没有很统一的标准，但不同规模档次直接影响着养殖场内部的组成和设计要求。从清洁生产的角度看，规模越大造成的管理成本就越大、环境影响就越大、养殖风险也就越大，相应的清洁生产措施就需要增加，投资的总成本自然就会增加。因此，应当以中等规模为主。

（三）饲养方式

畜禽饲养有传统的放养与散养，有规模化和工厂化的饲养，更有集约化的、甚至是综合（多畜种）饲养的等。我们这里主要研究的是规模化的饲养方式，主要针对的是某种畜禽的饲养问题，其他饲养的方式可以以此为参考。

例如，以标准化规模猪场的饲养为例，就有封闭饲养和半封闭饲养，有平地饲养和网床饲养（哺乳和自助保育阶段），有定时饲喂和自由采食等。饲养方式不同，设计建设和应有的设施就相差甚远。

（四）技术应用

一般地来说，规模化、现代化养殖场有条件不断推进新方法、新技术、新设备的应用。伴随这些技术运用，生产的流程、管理的模式也会发生一些变化。例如，蛋鸡场的自动喂料系统、自动捡蛋系统、自动出粪系统的应用，首先是人员的减少和管理方式的巨大变化。又如，推广猪的自动识别采食系统，则必然配套的是猪的自由活动场地设计加漏缝地板的猪舍设计，同时也需要给料系统自动化，显然生产管理流程就必然进行电子化设计。

二、确定养殖技术指标

无论哪种养殖规模或方式，要达到一定的养殖技术水平才是关键。反过来，应用达到的技术水平指导设计和建设，才具有现实意义，两者要相辅相成。否则，就会造成实际生产时畜舍不够用，或者造成畜舍富余。

所谓养殖技术指标就是养殖场在养殖的不同环节，乃至最终效果上与行业养殖水平和效果的比较性指标。技术指标的实质是畜禽的生产能力和水平，因此，养殖技术指标的确定要因地、因时、因场而定。在行业发展的一般指标水平上，要灵活调整和确立。指标设定的高低预示着养殖场将来的实际管理水平，即能否达到预期的畜禽生产水平。下面将分别以猪、蛋鸡、奶牛为例，说明当前不同养殖种类的一般技术水平，仅供养殖场设计者参考。

（一）养猪生产技术指标

表4-1、表4-2显示的都是当前标准化、现代化养猪技术指标。在一些环节上可能还有更先进的水平，故仅供参考。

表4-1 规模养猪场生产技术工艺参考值

项目	参数	项目	参数
妊娠期（天）	114	断奶仔猪成活率	95%
哺乳期（天）	30	生长期、育肥期成活率	99%
保育期（天）	35	每头母猪年产活仔数	20头
生长（成）期（天）	56	公、母猪年更新率	33%
育肥期（天）	56	母猪情期受胎率	85%
空怀期（天）	14	公母比例	1：25
繁殖周期（天）	163	圈舍冲洗消毒时间（天）	7
母猪年产胎次	2.31胎	繁殖节律（天）	7
母猪窝产仔数	10头	母猪临产前进产房时间（天）	7
窝产活仔数	9头	母猪配种后原圈观察时间（天）	21
哺乳仔猪成活率	90%		

引自：王燕丽，李军。猪生产。北京：化学工业出版社，2009。

表4-2 各种猪群饲养密度指标

猪群类别	每头占栏面积（米²）	猪群类别	每头占栏面积（米²）
种公猪	5.5～7.5	培育仔猪	0.3～0.4
空怀、妊娠母猪	1.8～2.5	育成猪	0.5～0.7
后备母猪	1.0～1.5	育肥猪	0.7～1.0
哺乳母猪	3.7～4.2	配种猪	5.5～7.5

引自：GB/T 17824.1—2008。

（二）养鸡生产技术指标

1. 种鸡场生产技术指标 种鸡场的主要指标包括配种方式（现在多是人工授精）、公母鸡比例、种鸡选留率、死淘率、产蛋率、种蛋合格率、破损率、受精率、出雏率、育雏期成活率、标准体重、育成期死淘率等指标（表4-3、表4-4）。

表4-3 父母代种鸡生产性能标准

周龄	饲养日产蛋率（%）	饲养日产蛋数累计（枚）	种蛋合格率（%）	合格种蛋数累计（枚）	种蛋受精率（%）	入舍鸡健康母雏鸡数（只）	日耗料（克/天）	体重（克）	累计死亡率（%）
24	91	23.7	91	5.8	88	2.2	112	1 500	0.4
30	96	63.3	98	43.9	98	2.8	114	1 540	0.8
36	93	102.8	97	82.4	97	2.7	115	1 560	1.2
42	90	141	96	119.3	96	2.5	115	1 570	1.8
48	87	178.2	95	154.8	94	2.4	115	1 580	2.4
54	84	231.9	94	188.6	94	2.1	114	1 600	3.3
60	81	248.4	93	220.7	92	2.0	113	1 620	4.2
66	77	281.5	91	251	90	1.8	113	1 620	5.3

注：数据来自北京华都峪口禽业"京粉1号"父母带种鸡品种标准。

表 4-4　父母代种鸡体重及耗料标准

周龄	父母代后备鸡群（公）		父母代后备鸡群（母）	
	周末体重（克）	喂料量［克/（只·天）］	周末体重（克）	喂料量［克/（只·天）］
1	70	13	66	9
6	590	39	400	37
12	1 530	72	880	62
18	2 380	78	1 260	75

注：数据来自北京华都峪口禽业"京粉1号"父母带种鸡品种标准。

2. 商品蛋鸡场的生产主要指标　这类养鸡场的主要指标与种鸡场相同，重点关注在饲料报酬方面（表 4-5）。

表 4-5　商品蛋鸡群生产性能标准

周龄	饲养日产蛋率（%）	累计死亡率（%）	累计饲养日产蛋数（枚）	日均耗料（克/天）	周末体重（千克）
1	—	—	—	11	0.065
6	—	—	—	38	0.45
12	—	—	—	65	1.02
18	—	—	—	78	1.42
24	93	0.3	30.2	99	1.66
30	95	0.6	70.2	108	1.76
36	93	0.9	109.8	114	1.76
42	92	1.2	148.6	117	1.77
48	90	1.5	186.7	118	1.77
54	88	1.9	224.1	118	1.78
60	86	2.3	260.7	118	1.79
66	83	2.9	296	118	1.8
72	78	3.5	329.7	118	1.8

注：数据来自北京华都峪口禽业"京粉1号"商品蛋鸡品种标准。

3. 商品肉鸡场的生产技术指标　商品肉（仔）鸡的生产技术指标主要关注成活率、日增重、出栏体重、屠宰率，以及商品鸡合格率等。

（三）奶牛的生产技术指标

1. 繁殖指标　奶牛的初配年龄平均为 13~16 月龄，体重达到 350 千克以上（北方为 380 千克，南方为 260 千克）。成年奶牛产后第一次发情在产后 20~70 天；发情周期平均为 21 天（18~23 天）。奶牛平均妊娠时间为 280 天，一般产后 90 天内配种成功，则可以一年一胎。但我国目前的水平是：产犊周期为 380~410 天。

2. 生产性能指标 我们国家目前的奶牛生产水平（按集约化养牛场）：平均产奶量5 000～9 000千克/年；乳脂率3.6％～3.7％。犊牛3月龄断奶；犊牛成活率90％以上。育成牛和青年牛成活率大于98％，成年母牛产奶最好的是3～7胎次。

三、生产流程设计方法

在明确了养殖企业建设养殖场的基本要求，以及可能的应用技术实施情况后，即可按照下列几种方法进行全场的养殖流程设计。

1. 以畜禽本身的生长发育阶段性为依据进行流程设计 不同畜禽的生长发育阶段不同，畜牧业的生产组织其实也是依据畜禽本身的生长发育特点进行管理的。依据这个基本要求就可以设计和建设符合不同生理阶段要求的畜禽舍。如猪的哺乳、保育、生长、育肥各个阶段的畜禽舍是大不相同的，而且应有明确的管理流程。

2. 以畜禽生产指标水平为依据进行流程设计 因为生产技术水平不同，畜禽在各个阶段的滞留时间不同，因此，在全场的流转时间和过程就有很大差异。如母猪的哺乳期可按照28天计，或者35天计，而且还影响到后续的养殖流程。

3. 以清洁生产的技术要求进行流程设计 清洁生产的技术投入、管理环节等必然影响到流程的设计以及生产的管理。例如场区和畜禽舍的消毒时间间隔、饲喂的方式、节水节能措施、粪便清理方式等都应考虑在内，把这些技术和设施与畜禽的管理结合起来才能更好地设计流程。

4. 以人员管理和经营方式进行流程设计 养殖场的最终目标是经济效益。如果依据人员的使用和要求，把场区的管理分为几个单元或核算模块，在不同考核标准下，就会有不同的流程设计。经营方式和效益通过生产周期和经营节奏可能左右了生产流程。如在一个养猪场，实行哺乳、培育、生长、育肥各个阶段单独考核的，与实行哺乳、育肥出栏两个阶段考核的，其管理流程可以不同。

图4-10描绘了一个600头基础母猪的养猪场"猪群—栏舍"的流转图。图4-10中不仅可看到猪群的关系、猪群的流动，还可以看到养猪场经营的主要（产品）途径——断奶仔猪、保育仔猪、后备母猪、育肥猪。养殖企业可以依据市场行情灵活经营，取得较大的经济效益。

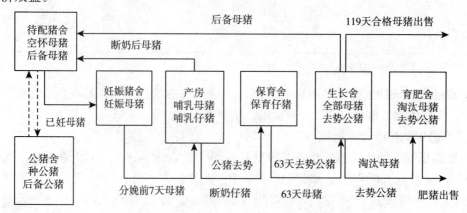

图4-10　600头基础母猪猪舍设置和猪群周转流程

第三节　养殖场的总平面设计

一、总平面设计的意义和要求

所谓养殖场的总平面设计就是在选定的场址上，把预备建设的养殖场及其他应当具有的各个建设单元有机地联系起来，并且用图示的形式予以说明。从规划设计角度讲，能够让人清晰地看到整个养殖场的未来模样。或者讲，它就是一个总体建设蓝图。

总平面设计应当具有如下几个方面的特征和要求：

第一，总平面设计应当得到主要投资者的允许和认可。正如前文所讲，养殖场的建设首先取决于投资规模，有多少投入才可以有多大的设计。所以，总平面设计必须充分体现出投资者的设想与运营意图。

第二，总平面设计是其他设计的纲领性文件。因为它是综合了投资规模、养殖方式、养殖科技水平、其他养殖配套环节等因素下，形成的总体布局，一旦确定，一般不宜更改。其他各个组成部分的设计和建设必须遵循这个总体设计进行。

第三，总平面设计也要体现设计者的风格特性。对于一个规模较大、现代化水平较高的养殖场，在整体布局、生产流程、技术水平、管理要求等方面应当各有特色。另外，结合选址的地形地貌特点，总体布局和设计建设也会有不同的风格。

二、总平面设计的内容和绘制方法

（一）设计内容

养殖场的总平面设计一般主要呈现几个方面的设计内容：

1. 平面规划设计总图　平面规划设计总图就是要表明养殖场的总体布局，主要标识原有的或新建的建筑（畜禽舍等）的相对位置、标高、道路、建筑物、地形、地貌等。目的是为新建的各个建筑单元定位、施工放线、土方工程等提供基本的依据。

平面规划设计总图应当标明下列几方面内容：

（1）图纸上应标明批准地号范围。体现出各建筑物及构筑物的位置、道路、管网等的布置等。

（2）确定建筑物的平面位置。

（3）标明建筑物绝对标高，室外地坪、道路的绝对标高、坡度及排水方向。

（4）列出房屋的朝向，并标出风向玫瑰图。

（5）标明必要的辅助设施位置。如管线、道路、绿化等布置图。

2. 立面图　建筑立面图是指与房屋立面平行的投影面上所作房屋的正投影图，简称立面图。就是表示畜禽舍建筑物的外观形式、装修及使用材料等。一般有正、背、侧三种立面图（图 4-11）。

3. 剖面图　主要表示建筑物内部在高度方面的结构状态。如房顶的坡度、房间的门窗各部分的高度，并且表示出建筑物所采用的形式（图 4-12）。

剖面图的剖面选择是关键，一般选在建筑物内部的做法较为复杂且有代表性的地方。

4. 畜禽舍平面图　就是畜禽舍建筑的平面图，即一栋畜禽舍的水平剖视图，主要表示畜禽舍占地大小，内部的分割、房间的大小，走道、门、窗、台阶等具体位置和大小，包括墙的厚度等。有必要时用文字进行详细说明（图4-13）。

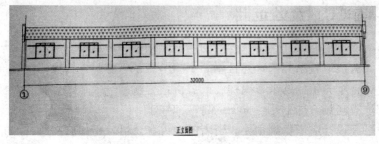

图4-11　分娩猪舍的正面立面图

（引自：高长明，吴金英.2008）

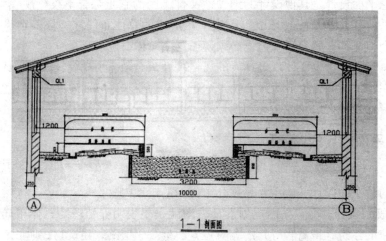

图4-12　分娩猪舍的剖面图（示舍内部栏舍、通道等）

（引自：高长明，吴金英.2008）

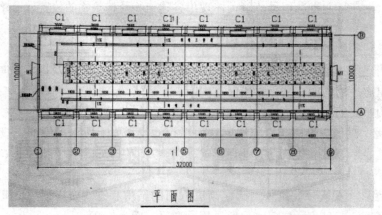

图4-13　分娩猪舍的平面图（示整体分布和结构）

（引自：高长明，吴金英.2008）

（二）平面设计的方法

1. 框型示意图设计法　就是用简单框图标出养殖场的各个单元之间的相对位置，使人能较为直观地了解养殖场的总体构图以及未来的模样。这类图虽然不够准确，但易于操作，能直观地反映养殖场内部的有关设施是否合理，便于及时调整和修改。这种图一般用在初步设计或调查阶段。

2. 地标定位图设计法　就是准确标定了经纬度和地面高程，在预定的场址上具体标识出各个建筑单元精确位置设计方法。该方法设计的图纸一般是较正式的，从地标定位能很好地核算有关工程量。该方法一般是精确的，后期的设计必须以此进行定位，多适应于综合养殖或大型农业开发区建设设计。

3. 总体效果图设计法　就是用设计软件，把整个养殖场用立体的图画（就是常见的电脑效果图，见图4-14）表现出来，它给人以宏观视觉的立体印象，似乎感觉到实际建成的建筑效应。这种图主要是给投资者、合作者或政府人员以直觉印象，增强对总体设计的认识程度。这类图多用在养殖场宣传上，可以简单，也可以复杂；可以标出地标尺寸，也可以不标出来。

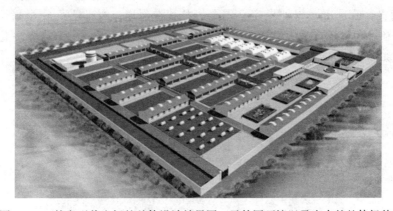

图4-14　某大型养牛场的总体设计效果图（示外围环境以及未来的整体场貌）

第四节　养殖场畜禽舍的建筑设计

畜禽舍的设计是养殖场设计的核心部分，因为它是畜禽直接接触、日常生活和生产的地方。所以，不合理的设计、不合理的材料、不科学的施工建设等都可能造成畜禽的不适感，甚至会对疾病传播产生不可预知的隐患，另外，还可能对饲养人员带来工作的不便。

一、畜禽舍设计的基本原则

1. 符合各类畜禽的生物学特性和生态学要求　畜禽舍是畜禽的"家"，也是我们进行养殖生产的"车间"。所以畜禽舍的设计首先要符合畜禽的生理需要，符合它们对于环境要求的基本条件。例如活动空间需要符合它们最基本的体尺特点；要有一定的阳光和照明；畜禽舍空间内温度和湿度要保持适宜等。这也是清洁生产技术的基本理论依据。

2. 符合畜禽生产工艺与管理流程的要求　一般规模化养殖场都是在一定的养殖技术指

标设定下，按照基本的生产流程设计的，畜禽在生产中处于一定的"流转状态"。因此，在不同生产状态下，畜舍的数量、结构、要求均是不同的。例如猪舍就有种猪舍、妊娠舍、分娩舍、培育舍、育肥舍等区别。另外，还要注意人员操作上的方便和管理上的流畅。

3. 符合建筑学的基本要求 现代化、规模化养殖场已不是简易设施，更不是临时设施，所以畜禽舍建筑物要在跨度、高度、墙体、材料等结构上全面符合建筑学的基本要求。在满足畜禽生活和生产基本需求的基础上，选择合适的建筑形式、构造、材料和施工方案，保证畜禽舍的坚固耐用；同时注意在环境控制上的合理需求，保证畜禽生产环境的健康性和安全性。

4. 符合经济实用的原则 养殖场的功能是提供畜产品生产的条件，应当因地制宜、就地取材，在安全、有效、环保、符合畜禽基本需要的情况下，尽量做到节约建筑材料、节约劳动力、减少投资。反对"豪华型"的养殖场，以经济实用为基本原则。

二、畜禽舍设计的基本类型

依据畜禽舍与外界环境的关系，可以把畜禽舍划分为封闭式、开放式、半封闭式。

1. 封闭式 就是畜舍与外界完全隔离，尤其在通风、光照方面完全采用人工方法。饲料、饮水和排污也是自动化设计。这类畜禽舍主要见于育雏舍、肉鸡舍、蛋鸡舍、分娩舍等设计。如图4-15、图4-16、图4-17所示的畜禽舍。

图4-15 封闭型妊娠猪舍（示光照、通风及饲料供给系统）

图4-16 封闭型蛋鸡舍（示通风帽、外围环境等）

图 4-17 雏鸡培育舍（示内部光照与其他设施）

2. 开放式 这类畜禽舍，以自然通风自然采光为主，只要能遮挡住强烈阳光照射以及雨雪即可。结构相对简约、宽敞。此类畜禽舍多见于大型畜禽舍，如大多数的牛舍、南方地区的猪舍等。如图 4-18 所示。

图 4-18 开放式的奶牛舍

3. 半开放式 这类畜禽舍是介于封闭和开放式畜禽舍之间的一种形式，也是较为常见的一种形式，在我国中部地区多见。而在北方地区，则应注意冬季时适当增加挡风设施或者关闭好门窗。管理上要做好通风、光照与保暖的协调和统一（图 4-19、图 4-20）。

图 4-19　北方育肥（或妊娠）猪舍（四周有窗户）

图 4-20　仔猪培育舍（示通风、饲槽、漏缝地板设施）

三、畜禽舍设计的基本数据

正如前文所述，养殖场的基本工艺取决于养殖规模的大小，在规模大小、技术水平确定的情况下，应当设计和建设多少畜禽舍，最终取决于每头（只）畜禽各种活动所占有的面积。设计畜禽舍，必须首先确定这些基本数据。

（一）面积

1. 猪舍面积标准　1999 年，我国颁布了中、小型集约化养猪场建设标准（GB/T 17824.1—1999），2008 年，又进行了修订（GB/T 17824.1—2008）。有关具体指标参见表 4-6。

表 4-6　各类猪群饲养密度指标

猪群类别	每栏饲养头数（头）	每头占猪栏面积（米²）	猪群类别	每栏饲养头数（头）	每头占猪栏面积（米²）
种公猪	1	5.5～7.5	哺乳母猪	1	3.7～4.2
空怀、妊娠母猪			断奶仔猪	8～12	0.3～0.5
限位栏	1	1.32～1.5	生长猪	8～10	0.5～0.7
群饲	4～5	2.0～2.5	育肥猪	8～10	0.7～1.0
后备母猪	5～6	1.0～1.5	配种猪	1	5.5～7.5

引自：俞美子，赵希彦．畜牧场规划与设计．北京：化学工业出版社，2011。

2. 鸡舍面积　鸡舍因为品种、体型、养殖目的的差异较大，目前还没有统一的标准，应当按照实际生产的需要进行设计，表 4-7 的数据可以作为设计参考。

表 4-7　鸡舍面积及设计参数

项目		参数		
		轻型	重型	
蛋鸡	地面平养建筑面积（米²/只）	0.12～0.13	0.14～0.24	
	笼养建筑面积（米²/只）	0.02～0.07	0.03～0.09	
	饲槽长度（毫米/只）	75	100	
	饮水槽长度（毫米/只）	19	25	
	产蛋箱（只/个）	4～5	4～5	
		0～4 周龄	4～10 周龄	10～20 周龄
肉鸡及育成母鸡	开放舍建筑面积（米²/只）	0.05	0.08	0.19
	密闭舍建筑面积（米²/只）	0.05	0.07	0.12
	饲槽长度（毫米/只）	25	50	100
	饮水槽长度（毫米/只）	5	10	25
		种火鸡	生长火鸡	
火鸡	开放舍建筑面积（米²/只）	0.7～0.9	0.6	
	环控舍建筑面积（米²/只）	0.5～0.7	0.4	
	饲槽长度（毫米/只）	100	100	
	饮水槽长度（毫米/只）	100	100	
	产蛋箱（只/个）	20～25		
	栖架（毫米/只）	300～375	300～375	

引自：俞美子，赵希彦．畜牧场规划与设计．北京：化学工业出版社，2011。

3. 牛舍面积　牛舍多采用双坡双列式或钟楼、半钟楼或双列式。对头双列式又分为对头式与对尾式两种。对头双列式易于饲喂，但也易于造成牛与牛互相干扰、飞沫乱溅，不利于防疫保健、清除粪便，不便于观察牛的生殖器官（发情观察等）。对尾双列式排列，饲喂不方便，但清粪较方便，也减少了牛与牛的互相干扰（图 4-21）。

图 4-21 对头式奶牛舍（示 TMR 饲喂通道）

牛舍内部的牛床位设计，依据饲养方法而进行区分，详细尺寸如表 4-8。

表 4-8 牛舍内的牛床尺寸参数

牛的类别	拴系式饲养			牛的类别	散栏式饲养		
	长度（米）	宽度（米）	坡度（米）		长度（米）	宽度（米）	坡度（米）
种公牛	2.2	1.5	1.0~1.5	大型牛种	2.1~2.2	1.22~1.27	1.0~4.0
成年乳牛	1.7~1.9	1.1~1.3	1.0~1.5	中型牛种	2.0~2.1	1.12~1.22	1.0~4.0
临产牛	2.2	1.5	1.0~1.5	小型牛种	1.8~2.0	1.02~1.12	1.0~4.0
产房	3.0	2.0	1.0~1.5	青年牛	1.8~2.0	1.0~1.15	1.0~4.0
青年牛	1.6~1.8	1.0~1.1	1.0~1.5	8~18 月龄	1.6~1.8	0.9~1.0	1.0~3.0
育成牛	1.5~1.6	0.8	1.0~1.5	5~7 月龄	0.75	1.5	1.0~2.0
犊牛	1.2~1.5	0.5	1.0~1.5	1.5~4 龄	0.65	1.4	1.0~2.0

引自：俞美子，赵希彦．畜牧场规划与设计．北京：化学工业出版社，2011。

（二）采食与饮水宽度

这是各类畜禽舍设计建设的重要参考数据之一，但也因为畜禽的种类、体型、年龄以及采食和饮水的设备不同而有所差异（表 4-9，表 4-10）。

表 4-9 各类畜禽的采食宽度

单位：厘米/头（只）

畜禽种类	采食宽度	畜禽种类	采食宽度	畜禽种类	采食宽度
牛：拴系式饲养		30~50 千克	22~27	11~20 周龄	7.5~10
3~6 月龄	3~50	50~100 千克	27~35	20 周龄以上	12~14
青年牛	60~100	自动饲槽自由采食群养	30	肉鸡：	
泌乳牛	110~125	成年母猪	35~40	0~3 周龄	3

（续）

畜禽种类	采食宽度	畜禽种类	采食宽度	畜禽种类	采食宽度
散栏式饲养		成年公猪	35～45	3～8周龄	8
成年乳牛	50～60	蛋鸡：		8～16周龄	12
猪：		0～4周龄	2.5	17～22周龄	15
20～30千克	18～22	5～10周龄	5	产蛋母鸡	15

引自：冯春霞.家畜环境卫生.北京：中国农业出版社，2001。

表4-10　饲槽、水槽设置

畜禽种类	饲槽、水槽的设置高度	备　注
蛋鸡	饲槽、水槽的设置高度一般应使得槽的上缘与鸡的背部同高	笼养状态
猪	饮水器 仔猪：离地面10～15厘米 育成猪：25～35厘米 育肥猪：30～40厘米 成年母猪：45～55厘米 成年公猪：50～60厘米	如把饮水器装成与地面呈46°～60°夹角，则距离地面10～15厘米，即可适用于各类猪只
牛	饮水器 犊牛：离地面30～40厘米 成年牛：40～60厘米	一般可以设置饮水槽。如可能可以设置牛用饮水杯

引自：俞美子，赵希彦.畜牧场规划与设计.北京：化学工业出版社，2011。

（三）畜禽舍通道设置标准

畜禽舍一般沿着长轴方向布置畜禽栏，纵向的管理通道一般参考表4-11。如果是较长的畜禽舍，则每隔30～40米处，设置一个横向的通道，宽度一般为1.5米，马舍、牛舍则可以宽到1.8～2.0米。

表4-11　畜舍纵向通道的宽度

畜舍种类	通道用途	使用工具及操作特点	宽度（厘米）
牛舍	饲喂	手工活推车饲喂精粗饲料	120～140
	清粪及管理	手推车清粪，放奶桶、清洗乳房桶	140～180
猪舍	饲喂	手推车喂料	100～120
	清粪及管理	清粪（幼畜舍窄、成年宽）、接产等	100～150
禽舍	饲喂、捡蛋、清粪、管理	手推车送料、捡蛋，或采用通用车盘	笼养80～90 平养100～120

引自：冯春霞.家畜环境卫生.北京：中国农业出版社，2001。

（四）畜禽舍内部一些设施的基本尺度标准

1. 畜禽舍高度　畜禽舍的高度主要取决于通风和自然采光的要求，同时需要考虑当地气候与畜禽舍本身的保暖性。当然，这个还应当与畜禽舍的跨度有关，跨度大也要适当增加高度，大型畜禽的畜舍显然要高于猪、羊、鸡舍的高度。寒冷地区的畜禽舍高度一般以 2.2～2.7 米为好，跨度超过 9 米的，可以适当增加高度。炎热地区的应当增加高度，易于通风，一般以 2.7～3.3 米为好。

2. 门的高度　畜禽舍内的门有多种用途，既是通道，又可以通风、透光，当然也能用来隔离。如果专门为工作人员出入设置的门，则高度应为 2.0～2.4 米，宽度为 0.9～1.0 米；如果是人、畜、手推车出入的门，则高度应为 2.2～2.4 米，宽度为 1.2～1.5 米。如果只是为畜禽出入的门，则要具体分析，关键取决于畜禽栏的高低。一般门的宽度设计：猪为 0.6～0.8 米；牛、马为 1.2～1.5 米；羊（小群饲养）为 0.8～1.2 米；羊（大群饲养）为 2.5～3.0 米；鸡为 0.25～0.3 米。

门一般应设在纵向两头。在寒冷地区可以设置门斗，门斗处可以设置门帘等防止冷风直入畜禽舍，门斗的宽度应比门宽 1.0～1.2 米，深度应有 2 米左右。

3. 窗的高度　窗的高度完全取决于采光、通风的实际要求，其大小、形状、高低等要求则依据实际情况而自行设计。

4. 畜禽舍内外地面高低　为了防止雨水倒流，畜禽舍都会高出外地面一定的高度，一般至少有 30 厘米的高度差，低洼地带还可以更高。畜禽舍通向外面的大门、小门等均设计成不超过 15% 坡度的坡道。这样便于运输饲料、转运畜禽等。

5. 隔离栏（墙）的设置　平养鸡舍的隔离栏应在 2.5 米以上，多用铁丝网或竹建成；猪栏高度一般为：哺乳仔猪 0.4～0.5 米；育成猪 0.6～0.8 米；育肥猪 0.8～1.0 米；空怀母猪 1.0～1.1 米；怀孕后期及哺乳母猪 0.8～1.0 米；公猪 1.3 米。成年母牛隔离栏高度为 1.3～1.5 米。

四、基本建筑设计要求

基本建筑是指任何建筑物的基本组成和结构。包括地基、地面、墙体、屋顶、天棚、门窗等。当然，建筑物的形状也是重要的一个环节，畜禽舍设计建设时也是必须要首先重视的基本要素。

（一）基础与地基

基础是畜禽舍地面以下承受畜禽舍的各种荷载并将其传给地基的构建。它的作用是将畜禽舍的本身重量及畜禽舍内固定在地面和墙上的设备、屋顶（包括积雪）等全部荷载传给地基。用作基础的材料有机制砖、碎砖三合土、灰土、毛石等（见图 4-22）。

地基是基础下面承受荷载的土层，有天然地基和人工地基。前者适用于小型畜禽舍，只要具有足够的承载能力，抗压缩力、抗冲刷力强即可。后者则要求进行人工加固，适用于较大型的畜禽舍建筑。

（二）墙体

是构成畜禽舍外围的主要设施部分。其作用是将自身重量和屋顶重量传给基础，同时又对畜禽舍整体具有围护和分割的作用。例如砖墙，它的重量占到畜禽舍总重量的

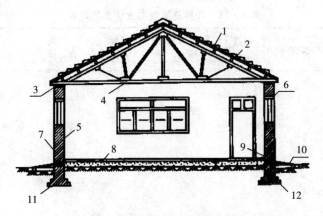

图 4-22 畜舍基本结构示意图

1. 屋架 2. 屋面 3. 圈梁 4. 吊顶 5. 墙裙 6. 砼过梁
7. 勒角 8. 地面 9. 踢脚 10. 散水 11. 地基 12. 基础

40%～50%；造价占总造价的 30%～40%；冬季通过墙体散失的热量占畜禽舍失热总量的 35%～40%。可见墙体设计和建设的重要性，所有墙体必须具有坚固、耐久、抗震、耐水、抗冻、保温、防火等特点，同时，还应便于清扫、消毒等。当然，选择做墙体的材料很多，取决于成本和配套设计，此不赘述。

（三）屋顶

畜禽舍屋顶是顶部的承重构件和维护构件的总称。一般组成包括屋面和支撑系统（屋架）。显然，屋面的主要作用是维护作用，同时要保温隔热、防雨雪、防太阳辐射等。所以，屋面需要耐久、耐火、防水、防腐、保温隔热、结构轻便而结实。屋架则应简单结实，与墙体和屋面有很好的整体结构性即可，可以选择木架、铁架或混凝土预制件等。

屋顶的形状可以依据畜禽舍大小、整体结构、通风和采光的需要选择不同的样式。

（四）天棚

天棚也可以称为天花板、顶棚或吊顶。是把畜禽舍与屋顶下的空间隔开的整体结构。它可以在保温、隔热、通风换气等方面起到一定作用。天棚的设计要结合屋顶的结构以及当地的气候特点而定，不需要设计的也可以不设计。天棚（材料）必须具备保温、隔热、不透水、不透气、坚固、耐久、防潮、光滑、结构轻便、设计简单等特点，同时要求无毒无害。

（五）地面

地面一般是指单层畜禽舍的地面构造部分，多层的畜禽舍则称为楼面。地面质量如何直接影响到畜禽运动、人员行走、小气候环境卫生，甚至影响到畜产品的安全。由于畜禽舍内的地面受到畜禽的踩踏（大家畜更为严重）、拱翻（如猪等）、粪便的侵蚀等，所以，地面除了能防止畜禽滑倒外，还需要坚实、致密、平坦、不滑、有弹性、易于消毒清洗、有一点坡度、利于排水、易于保温、不潮湿、经济适用等特点。

在实际生产中，选择地面同时具有上述特点的实属不易。表 4-12 列举了不同性质畜禽舍地面的属性及其评分。

表 4-12　几种常见畜禽舍地面的评定

地面种类	坚实性	不透水性	不导热性	柔软程度	不滑程度	可消毒程度	总分
夯实土地面	1	1	3	5	4	1	15
夯实黏土地面	1	2	3	5	4	1	16
黏土碎石地面	2	3	2	4	4	1	16
石地	4	4	1	2	3	3	17
砖地	4	4	3	3	4	3	21
混凝土地面	5	5	1	2	2	5	20
木地面	3	4	5	4	3	3	22
沥青地面	5	5	2	3	5	5	25
炉渣上铺沥青	5	5	4	4	5	3	26

引自：俞美子，赵希彦．畜牧场规划与设计．北京：化学工业出版社，2011。

畜禽舍地面一般采用的是混凝土地面，它除了保温性差点，其他性能均较好，成本也比较低。三合土、夯实土地面、砖地面虽然保温等性能好但易于吸水，难以清洗消毒，反倒更容易损坏。沥青地面有一定毒性，一般不宜直接用作畜禽舍地面，但可以作为外围和厂区一些路面建设之用。

第五节　养殖场的防疫设计

畜禽疫病防治是任何养殖场经营成败的风险性因素之一，甚至是养殖场生死存亡的关键环节，也担当着"一票否决"的角色。所以，在设计建设时期就应当给予高度重视。从"清洁生产"的理念和要求出发，更要做好每个环节的防疫设施规划和设计。

一、外围环境的防疫设计和措施

养殖场外围环节包括：通场道路、围墙，以及相邻环境（农田、水域、树林、建筑物）。

通场道路是主要防疫区域之一，它是外来人员和车辆与养殖场区的主要交流的通道场所。选址时应当远离主要交通线，与村庄、其他养殖场保持足够的距离；路面在可能的情况下应当进行硬化处理，便于清洗，也可减少车辆携带的泥土混入养殖场。进入养殖场的道路应分开设计，最好有两个通道：一个是用于生活、生产运输的通道；一个是将粪便污物处理从养殖场转运出去的通道（多设计在养殖场的后端，即后门）。有条件的话，还可以设置外来人员出入的专用通道，详见下述各图显示的情景。

养殖场的墙可以使用砖墙、土墙，或者篱笆围栏等，但须能阻止其他畜禽或动物混入养殖场，有的还可以设置铁丝防护性围网。有条件的地方，还可以在围栏外设置防水沟

（目的是防止小动物进入养殖场），以增强自然隔离。

相邻自然环境的防疫措施较为复杂，也较难操作。如农田，只要没有特殊的种植或农药喷洒，一般不会给养殖场带来疫病的危险。水域对于养殖场的防疫一般不会造成危险，可以成为养殖场的天然隔离屏障，相反，养殖场可能会影响水域造成危险。如果是这样，污染的水域会给养殖场造成潜在的危险——蚊蝇滋生与疫病的传播等。所以，应当把养殖场的污水和粪便处理好，不可以乱排放。对于树林和养殖场外围的一些建筑物，也要计划在消毒防疫范围内。

二、场区内主要建设环境的防疫设计

养殖场区内环境包括大门、门房、场内道路、生产区、生活区、办公区域等。这些区域人员活动、生产流动较频繁，应是设计重点。

1. 消毒池　所有的入场大门均应有消毒池（如碱水池、喷淋装置等），人员通过的偏门或通道也应有消毒防疫措施（如紫外灯、喷雾装置等）（图4-23、图4-24）

图4-23　养殖场大门（示进出门的车辆喷雾消毒）

图4-24　农业部某养猪场大门消毒池（示登记室）

2. 门禁制度　在生活区、办公区和生产区之间建立隔离墙（栏），建立必要的门禁制度。生产区应当尽量实行单行道，就是人员、家畜、物料的运行实行单行、专用相结合的

办法，减少不必要的交叉。进入场区的人员、车辆要登记、消毒，特别要禁止外来养殖场的人员进入（图4-24、图4-25）

图4-25 猪舍内的喷雾（消毒、降温）系统

3. 清洁生产观念 厂区内的防疫、消毒不仅在于硬件设施，更在于人员及其清洁生产观念的培养。要把各种规章制度与经常化的清洁生产意识培训，与经常性的防疫实操结合起来。这些也可以作为设计内容。

三、畜禽舍内的防疫设计

畜禽舍内的防疫设计最为重要，有硬件设施的问题，更有软件制度和人员的执行问题。这里主要就消毒防疫的性质进行一些讨论。

1. 日常性消毒防疫 日常消毒也可以称为定期消毒，要列入一般正常管理计划。按照使用的方法手段可以有下列两种，即物理消毒法（见表4-13）和化学消毒法（见表4-14）。

表4-13 养殖场常用物理消毒方法

方法	采取措施	适用范围和对象	注意事项
机械消除	用清扫、铲刮、洗刷等机械方法清除降尘、污物及黏液在墙壁、地面以及设备上的粪便、残余饲料、废物、垃圾等	适用于其他方法消毒前的畜禽舍清理	除了强碱（氢氧化钠溶液）外，一般消毒剂，即使接触少量的有机物（如泥垢、尘土或粪便）也会迅速丧失杀菌力，对畜禽舍进行消毒前，必须进行较彻底的清理
日光照射	将物品置于日光下暴晒，利用太阳光中的紫外线、阳光的灼热和干燥作用使病原微生物灭活	适用于对运动场、垫料和可以移出畜禽舍外的用具等进行消毒	阳光的杀菌效果受空气温度、湿度、太阳照射强度及微生物自身抵抗能力等因素的影响。高温、干燥、能见度高的天气杀菌效果好

（续）

方法	采取措施	适用范围和对象	注意事项
辐射消毒	主要利用紫外线灯照射杀灭空气中或物体表面的病原微生物	常用于种蛋室、兽医室等空间以及人员进入畜禽舍前的消毒	紫外线只能杀灭物体表面或空气中的微生物。当空气中微生物较多时，紫外线的杀菌效果降低。紫外线的杀菌效果还受环境温度的影响，消毒效果最好的环境温度为20～40℃
高温消毒	利用高温环境破坏细菌、病毒、寄生虫等病原体结构，杀灭病原。主要包括火焰、煮沸和高压蒸汽等消毒形式	火焰消毒常用于畜禽舍墙壁、地面、笼具、金属设备等表面的消毒。对于受到污染的易燃且无利用价值的垫草、粪便、器具及病死畜禽尸体等应焚烧以达到彻底消毒目的；煮沸消毒常用于体积较小且耐煮物品如衣物、金属、玻璃等器具的消毒；高压蒸汽消毒常用于医疗器械等物品的消毒	一般病原微生物在100℃沸水中5分钟即可杀死，经1～2小时煮沸可杀死所有病原体，高压蒸汽消毒常用的温度为115℃、121℃或126℃，一般需维持20～30分钟

引自：俞美子，赵希彦. 畜牧场规划与设计. 北京：化学工业出版社，2011。

化学消毒剂的使用方法操作相对简单、成本较低，而且杀菌效果较高。它能在几分钟内进入病原体内部并杀灭之。因此，在养殖场使用较为广泛。

表 4 - 14　畜牧场常用消毒剂的使用条件及使用方法

消毒剂名称	类别	常用浓度	适用温度	pH	使用方法
洛河碘	碘伏	1∶500	≥0℃	3	畜禽舍内的带畜消毒
生石灰	碱	20%新鲜配制	≥0℃	≥13	喷洒、刷墙
氢氧化钠	碱	1%～5%	≥22℃	≥13	舍外环境消毒
戊二醛	醛类	1∶300～1 000	≥0℃	8	器械浸泡
二氯异氰尿酸钠	氯	1∶800	≥0℃	6	舍内喷雾
过氧乙酸	氧化剂	0.05%～0.1%	≥0℃	3	舍内喷雾、空舍熏蒸
福尔马林	醛类	5%～10%	≥15℃		舍内器具的熏蒸消毒
来苏尔（煤芬皂溶液）	酚类	2%～5%	≥20℃	3	畜舍、笼具、剖检器械等喷雾、冲洗和浸泡

引自：俞美子，赵希彦. 畜牧场规划与设计. 北京：化学工业出版社，2011。

2. 集中性消毒防疫　本阶段的防疫消毒一般是在畜禽（群）流转时进行的，它一般按照畜禽群流转的特点、时间和防疫的方法进行，畜禽舍设计时均应当予以考虑，一般的消毒处理方法包括：

（1）垫草清除：采用机械清除和化学消毒液喷洒；一些垫草还可以采用焚烧的办法。

（2）场地消毒：对于新畜禽舍或者更换的旧畜禽舍，畜禽进住前均要进行圈舍地面清洗和消毒。场内的养殖护栏、饲槽、墙壁、屋顶等也应当在消毒之列。养殖护栏、饲槽若是铁质的还可以采用火焰喷射枪消毒，特别是分娩栏、仔猪隔离栏等。其他的则可以选择化学消毒药物进行消毒。

（3）工具消毒：主要是直接与畜禽接触的劳动工具，如铁锨、饲料车、粪便运输车、水桶、水管等。这些一般采用化学消毒剂浸泡方法即可。

（4）空气消毒：结合上述的消毒对象和方法，空气消毒主要是喷雾消毒（化学消毒剂的雾化，做到对空气中病菌的杀灭作用）。

3. 应急性消毒防疫　在上述消毒防疫的情况下，还有一些为预防意外的疫情、病情的影响，需要做好一些应急性消毒防疫。这些应急性消毒主要有：

（1）突击性消毒：即在某种传染病暴发和流行过程中，为了切断传播途径，防止疫病蔓延到养殖场，需对畜禽场环境、畜禽、器具等进行的紧急性消毒。由于畜禽的粪便中含有大量病原体，带有很大的危险性，因此必须对病畜禽进行隔离，并对隔离的病畜禽进行反复消毒，还要对病畜禽的环境进行彻底消毒。

一般地来说，突击性消毒具有行政命令性质，往往需要一个区域所有养殖企业的配合。基本措施包括：封锁养殖场，严格出入人员和车辆的消毒；与患病畜禽接触的所有物件（包括工具等），均需要用最高消毒手段予以消毒处理；尽量焚烧或填埋所有的垫草；墙裙、混凝土墙面等要用碱水或其他消毒剂刷洗，并用1‰新洁尔灭溶液刷洗；素土地面用1‰福尔马林浸润，风干后，再使用聚乙烯薄膜和垫草，严重的污染，可以铲去表土10～15厘米；畜禽舍可以用甲醛气体熏蒸消毒。

（2）临时性消毒：指在一些非安全时期或非安全区域，为消灭病畜禽可能携带的病原传播所进行的消毒。临时消毒要及时、能尽早最好。它的消毒方法基本参考突击性消毒方法。

（3）终末消毒：指在消灭了某种传染病后，在解除封锁前，为了彻底消灭病原体而进行的最后一次消毒。在消毒时，不仅病畜禽周围的一切物品和畜禽舍要进行消毒，对痊愈的畜禽体表和畜禽舍也要同时进行消毒。消毒的具体方法与临时性消毒方法基本相同（见图4-26）。

图4-26　人工喷雾消毒（示带畜消毒或突击性消毒）

第六节　养殖场的绿化设计

养殖场绿化是养殖清洁生产的重要组成部分，绿化不仅可以美化环境，还对改善养殖场的小气候、减少噪音、促进人员和家畜健康等均具有较大意义。

养殖场的绿化可以分为以下几个方面（图 4 - 27、图 4 - 28）。

图 4 - 27 某奶牛场的整体设计效果图（示场内绿化和布局）

图 4 - 28 新建成某大型养猪场（示畜舍的布局和外部道路绿化）

一、生活区绿化

生活区绿化当然是以人为中心，需要在路边、办公区域、休息区域等多栽植一些灌木和乔木，需要草坪的可以种植草坪，能够全面进行园林式设计更好。

本区域绿化可以选择的树木花草较多，如榕树、梧桐、大叶黄杨、红叶李、槐树、银边翠、美人蕉、女贞等。

二、养殖场的外围绿化

在养殖场外围，如果条件允许，可以栽植大量的乔木。这样能够防治污染、隔离外界，对于阻挡大风和灰尘也均具有良好效果。可以选择的乔木有大叶杨、钻天杨、洋槐、泡桐、女贞、松柏树等，也可以选择灌木，如河柳、侧柏、紫穗槐，甚至梨树、桃树等。

三、养殖场内部隔离带的绿化

场内区域隔离可以依靠围墙等，但绿化也是很好的补充措施。在生产区、生活区、一般行政区等均可以设置隔离带。在隔离带可以种植小型树木，如小叶黄杨、丁香、刺柏；也可以种植松树、女贞树、榆树等。有条件的也可以用虎刺梅、野蔷薇、花椒树、山楂树等做成篱笆墙，起到隔离防疫作用。

四、畜禽舍区的绿化

因为养殖对象不同，又有不同的畜禽舍设计，所以生产区畜禽舍周围的绿化要有所区别。完全舍饲的方式，畜禽舍周围要适当空旷一些，适当种植一些草坪或低矮的灌木，这样便于外围空气畅通、消毒防疫也较易实施；如果是开放式饲养，则可以选择一些高大乔木，在不影响畜禽舍外运动的情况下，可以在树下种植一些草坪或牧草；结合有运动场设计的，可以多种植一些遮阴的树木，如杨树、泡桐、法国梧桐等。

五、场区道路的绿化

在上述绿化的基础上，对于一些主干道路，一般采用种植乔木或乔灌木相结合的办法进行绿化。可以种植塔柏、冬青、侧柏、女贞等常绿性树种，也可以种植一些夹竹桃、牡丹、蔷薇等观赏性植物。

第七节　养殖场的后勤保障设计

养殖场的后勤保障主要体现在两个方面，第一是生产后勤保障，第二是全场的生活后勤保障。前者以饲料供给最为重要，当然，全场的基本生活供给也不容忽视。

一、生产后勤保障

（一）饲料供给保障

小型养殖场，饲料可以采用自配或者购买饲料厂的专门饲料。通常可以设计一个仓库，并兼有简单饲料加工的车间。库存量以一个采购周期的供给量设计为宜（一般可以按照一个星期的饲料供应量设计）。

大型养殖场，一般采用自配饲料厂（或集团公司内部的饲料厂）供给，这样可以大大降低饲料成本。自配饲料需要大量而全面的原料保障，库房和加工车间等也需要较大一些。饲料总库存量也应当按照一个采购周期设计。当然，因为养殖量较大，可以适当扩大库存总量，保障日常生产的需要和经营的安全。

例如，一个容纳 600 头基础母猪的自繁自养的标准化猪场，需要的饲料总数可以按照表 4-15 进行估算，依此设计适当库存量的饲料库房。

由表 4-15 可以看出，一个 600 头基础母猪（年出栏 10 000 头以上）的养猪场，每周的饲料用量在 60～90 吨，如果算上消耗和采购周期延长的话，这个库存量还会更大。所以，建设一个合适的饲料库存与加工厂是设计时必须重视的。也是后勤的最大保障环节之一。

表 4 - 15　600 头基础母猪猪场的日饲料需要量估算

猪群结构	日饲养头数（头）	每头日饲料需要量（千克/天·头）	一周饲料需要量（千克）
公猪			
种猪	24	3.0～4.0	504～672
后备公猪	8	2.0～3.0	112～168
母猪群	2.34 胎/年；10 头/胎		
空怀母猪	135	2～2.5	1 890～2 362.5
妊娠母猪	331	2.5～4	5 792.5～9 268
泌乳母猪	135	3.0～4.0	2 835～3 780
后备母猪	18	2.0～3.0	252～378
仔猪群	哺乳成活率 90%		
	保育成活率 95%		
哺乳仔猪	1 081（哺乳 28 天）	0.5～0.7	3 783.5～5 296.9
培育仔猪	1 216（保育 35 天）	0.7～1.0	5 958.4～8 512
生长育肥猪	生长成活率 98%		
	育肥成活率 99%		
生长猪	1 848（饲养 56 天）	1.0～2.0	12 936～25 872
育肥猪	1 585（饲养 49 天）	2.0～3.0	22 190～33 285
合计	5 293		55 308.4～89 594.4

注：来自编者据有关资料整理。

（二）疫病防治药物的保障供给

养殖场的疫病防治是日常性且无法替代的重要工作。日常用的药品（包括疫苗）一样都不可以少，防疫程序一个都不能缺。

首先，应当做好日常防疫消毒的设计和准备。这里包括消毒工具、器械、药品等。设备和工具可以一次性购置或制作，药品则要求保障一定的储备，如在门口的消毒池、人行通道、畜禽舍内的日常消毒药品等。对于一些季节性或突发性的防疫药品则要求有购置渠道，做到应急时有药品、有措施，平常也可以有一些储备（如常用疫苗等）。

其次，日常治疗需要的药品准备。这里要进行具体分析，对于不同畜禽种类和养殖方式，乃至不同的养殖技术水平，各个养殖场应当准备适合自身充足的常用药物。

（三）生产工具、设施与维修保障

生产设施和工具是养殖场的主要工作手段和条件，必须保证足够的数量和质量，保障生产的正常进行。如运料设备（机动车辆或手推车辆）、清扫工具、清粪工具或车辆、拴系工具、喷雾工具、修剪工具、电工工具、水工工具等，这些工具的数量可以视养殖场实际规模，以及人员分工和素质等情况配备，够用即可，不求大而全。

对设施和工具的日常维修，建议规模化养殖场应在场内维修车间进行；即使到场外维修，回场后应当先进行全面消毒处理。

（四）水电供给与保障

现代规模化养殖场离开水电是寸步难行的，要在建场设计时就考虑好水电的供给问题。

第一，水电设计能够满足养殖场的需要。按照养殖规模计算水电的需要量，此不赘述。表4-16列举了规模化畜禽场用水和废水产生系数，仅供参考。

第二，要有应急手段。养殖场的水电是不能间断的。如奶牛场的挤奶、养鸡场的孵化、养猪场的分娩等过程中是绝对不可以停电的。所以需要准备自供电源（柴油发电机），确保局部的用电需求。养殖场的用水更是不可以短缺，应具备自供水系统（水塔或蓄水池）。

第三，做好日常检修。水电的故障大部分来自日常维修不全面或者材料问题，维修应当由专业人员定期进行检修，防患于未然。在日常工作中，应当对员工进行必要的设备的使用与维护培训。特别是一些动力设备、专用设备等应当由专人使用。

表4-16 规模化畜禽养殖场单位用水与废水产生系数

单位：千克/（头·天）；千克/（只·天）

养殖种类	清粪方式	用水系数	废水产生系数
猪	水冲粪	25	18
	干捡粪	15	7.5
肉牛	—	40	20
奶牛	—	80	48
蛋鸡	水冲粪	1	0.7
蛋鸡和肉鸡	干捡粪	0.5	0.25

引自：程波．畜禽养殖业规划环境影响评价方法与实践．北京：中国农业出版社，2012。

二、生活后勤保障

养殖场一般距离城区较远，从管理角度讲，也希望员工在场内生活，减少出入。这样，员工日常生活的方方面面就需要安排好，否则，养殖场的日常管理就会增加成本，员工的工作效率以及养殖场的效益也会受到影响。

1. 员工饮食保障 建议养殖场内部的餐饮实行统一供给制（如食堂），不提倡夫妻店式的小管理，也不提倡员工自己做饭。因为统一饮食用餐、统一管理，可以有效组织生产、减少疫病的传播；同时提高大家对养殖场的认同感，提高对企业的人文关怀的理解，增强集体意识。所以在设计建设养殖场时，要在厂区建设一个档次较高、管理像样的员工食堂。

2. 员工文化、娱乐保障 文化娱乐活动，既是休息也是企业的文化建设。可以通过一定的文化活动凝聚人心、业务培训、团结员工、交流技术。对于规模化、较大型的养殖场，应当设计和建设文化活动中心。这个中心可以与食堂结合起来设计和建设，也可以与办公会议室等结合起来设计建设。

第五章　畜牧业清洁生产的饲料养殖技术

第一节　饲料供给与节约

一、饲料的种类与特点

所谓饲料，其概念可以有广义与狭义之分。凡是能被动物采食又能提供动物某种或者多种营养素的物质都可以作为畜禽的饲料，显然，这里主要指的是天然状态或只经过简单加工的各类来源的饲料，可以称作广义的饲料。那么，针对各种畜禽营养需要而专门配制生产的各类型的配合饲料（包括全价饲料、浓缩料、预混料等）可以定义为狭义的饲料。

无论饲料的概念如何界定，作为饲料都必须满足营养性、可食性、安全性等特点。从清洁生产的角度要求，就是要把饲料供给做到及时、安全、精准的保障程度。

张子仪先生依据饲料来源和我国习惯，提出中国饲料的分类法，从青绿饲料到油脂类饲料，把整个养殖业中可以作为饲料的各类原料分为 17 种，如表 5-1 所示。

表 5-1　中国饲料的分类与特点

饲料名称	营养价值与加工特点	主要饲喂对象	备注
青绿植物饲料	多汁、含维生素、矿物质，青饲或风干贮存	各类畜禽	
树叶	多汁、含维生素、矿物质，青饲或风干贮存	猪、牛、羊	
青贮饲料	多汁、发酵，有特殊风味	牛、羊	
块根、块茎、瓜果类	有的淀粉含量高，有的水分含量很高，含矿物质和维生素，青饲为主	猪、牛、羊、禽	
干草类	纤维素、质量差异太大	牛、羊、猪	
农副产品类	碳水化合物、纤维素等为主，种类太多，营养差异较大	猪、禽	
谷实类	能量饲料，植物蛋白质来源	各类畜禽	
糠麸类	粮食加工副产品，能量、纤维素、矿物质、蛋白质等的来源	猪、禽、牛、羊	
豆类	植物蛋白、能量饲料的主要来源	各类畜禽	
饼粕类	油料作物加工副产品，蛋白质饲料来源	各类畜禽	
糟渣类	酒糟和豆渣等；多汁，纤维素、矿物质等的来源	猪、禽、牛、羊	
草籽树实类	成年草籽和林木类果实等	猪、禽	林果饲料
动物性饲料	主要指来源是动物性产品的加工副产品（肉骨粉、鱼粉、血粉等），蛋白质饲料等来源	各类畜禽	
矿物质饲料	包括天然、合成的	各类畜禽	
维生素饲料	多数化学合成，有发酵的	各类畜禽	
饲料添加剂	种类较多，包括天然、合成的	各类畜禽	
油脂类饲料及其他	来源广泛，不好界定；提供能量的饲料	各类畜禽	

引自：张子仪.中国饲料学.北京：中国农业出版社.2000。

为了与养殖场日常生产习惯相适应，我们按照一般国际分类方法，讨论主要的饲料种类的营养特点与供给情况。

(一) 粗饲料

属于第一大类，主要指干草、农产品的秸秆类，还包括秕壳、藤蔓类等，共同特点是粗纤维含量高。由于来源广泛，成分和加工复杂，其应用价值也有较大差异。这类饲料主要饲用对象是牛、羊、马、驴、驼以及鸵鸟等草食性畜禽。鉴于它的复杂性，除了一些专门化青干草生产外，大部分生产过程是粗放性的。因此，在刈割、运输、晾晒、贮存、加工、饲喂等生产环节，难免有较大的浪费。该类饲料在养殖过程中成为了最大的废弃物来源之一。

(二) 青绿饲料

包括天然牧草和人工牧草、叶菜类、根茎类、水生类等饲料。水分含量大于45％的青绿多汁饲料，其适口性好、维生素和矿物质含量丰富，所以是任何畜禽都喜食的一类饲料，有条件的养殖场应当积极采用此类饲料。但从多汁性和来源上看，这类饲料具有一定的区域性和局限性（放牧饲养除外）。因为新鲜多汁，不易贮运，所以一般应是即用即取，这就造成了供给方法只能是就近取材，及时饲喂。而且，从具体实践看，这类饲料也是养殖过程中的主要废弃物来源之一。因此，对于规模化养殖场需要设置专门的贮运设备和条件。

(三) 青贮饲料

就是把青绿饲料放入青贮窖、料塔或者青贮池中，经过微生物的作用而调制成的柔软多汁、气味芬芳、营养丰富、可长期保存的多汁饲料。青贮饲料最大限度地保持了青绿饲料的营养成分，同时经过乳酸菌类发酵后气味酸香、适口性好，而且可以较长时间保存。目前，青贮饲料主要用玉米秸秆做原料（也有专门的青贮玉米品种），这是广大农区养殖反刍家畜的重要饲料之一，应大力提倡。

由于青贮饲料加工的季节性强，所以一次性贮藏的数量巨大，需要养殖场在设计建设时，就应予以考虑贮藏的方式和贮藏建筑形式。例如，是选择青贮池、青贮窖、青贮塔，还是选择新型的贮藏塑料袋等方法，应当按照可以加工的数量，以及养殖场的总体设计进行。当然，青贮饲料的日常管理非常重要，主要是压实、密封，更要防止雨水渗入。否则，青贮饲料因为管理不善会成为养殖场又一重要的废弃物来源。

(四) 能量饲料

能量饲料，即每千克干物质中粗纤维的含量在18％以下，而可消化能含量高于10.45兆焦/千克，同时，蛋白质含量在20％以下的饲料才称为能量饲料。

主要包括下列几种：

（1）谷物子实类饲料，如玉米、稻谷、大麦、小麦等。

（2）谷物子实类加工副产品，如米糠、小麦麸等。

（3）富含淀粉及糖类的根、茎、瓜类饲料。

（4）液态的糖蜜、乳清和油脂等。

能量饲料是养殖业的核心饲料之一，尤其对于养猪、养禽业而言，最为关注的也是这类饲料资源的供给问题。所以，能量饲料是养殖场业发展的制约因素，也是一个国家养殖业发展的制约因素之一。就清洁生产而言，能量饲料一般不会造成太大的废弃物问题，只要保存安全，减少浪费，就是最大的成本节约和资源利用。

（五）蛋白质饲料

蛋白质饲料是指饲料干物质中粗蛋白质含量大于或等于 20%，但是消化能含量超过 10.45 兆焦/千克，且粗纤维含量低于 18% 的饲料，根据其来源和属性不同，主要包括以下几个类别：

（1）植物性蛋白质饲料：主要包括豆科籽实、饼粕类和某些加工副产品。其中豆科籽实只有少量用作饲料，大部分则是作为食品；饼粕类饲料是动物最主要的蛋白质饲料资源；常用的加工副产品主要有糟渣类和玉米蛋白粉等。

（2）动物性蛋白质饲料：主要包括鱼粉、血粉、骨肉粉、水解羽毛粉、蚕蛹粉等。

（3）微生物蛋白质饲料：主要是酵母蛋白质（或称为单细胞蛋白质）饲料。

（4）工业合成产品：主要为非蛋白氮补充饲料。

同能量饲料一样，蛋白质饲料也是养殖业的核心饲料之一，这两类饲料共同构成了养殖业中"精料"的核心部分。从饲料供给来看，蛋白质饲料和能量饲料构成了养殖业的主要成本（对于养猪业和养禽业则更是主要的成本组成，大约占到成本的 70% 以上）。人均粮食占有的危机，以及蛋白质原料的缺乏都是我国畜牧业发展的瓶颈。所以，发展节粮型畜牧业，增强清洁生产意识，提高养殖技术，提高能量饲料和蛋白质饲料的总利用率是养殖行业的基本责任和社会要求。

（六）矿物质饲料

矿物质饲料在饲料分类系统中属第六大类。它包括人工合成的、天然单一的和多种混合的矿物质饲料，以及配合有载体或赋形剂的痕量、微量、常量元素补充料。目前已知畜禽有明确需要的矿物元素有 14 种，其中常量元素 7 种：钾、镁、硫、钙、磷、钠和氯（硫是奶牛和绵羊不可缺的元素）。饲料中常常不足且需要补充的有钙、磷、氯、钠 4 种元素；微量元素 7 种：铁、锌、铜、锰、碘、硒、钴。

从来源来分，第一类是天然的矿物资源产品；第二类是肉制品加工的副产品——骨粉、蛋壳粉等；第三类是化学生产产品。虽然在日常饲料中也含有各类矿物质，但还需要这些专门饲料资源来进行补充。

矿物质饲料在我国基本不缺乏，但需要提高利用效果，增强养殖过程的质量控制，不可因为乱添加而造成畜禽产品的安全问题。

（七）维生素饲料

维生素饲料是指工业合成或经过提纯的单一的或复合的维生素制品。维生素作为一种专门饲料类别主要体现在它的营养作用。维生素广布于各类饲料资源中，但从现代动物营养和饲料加工角度看，保障畜禽维生素的需要量和稳定供给是至关重要的。维生素的需求量虽然极少，但作用却不可替代。

按照化学性质，维生素可以分为水溶性和脂溶性两类。水溶性如 B 族维生素和维生素 C 等；脂溶性包括维生素 A、维生素 D、维生素 E、维生素 K 等。在饲料供给上往往是以单体或复合体形式添加到饲料中的。各种维生素饲料的添加需要科学掌控，特别需要注意添加的时机和数量，不可以盲目，更不可以浪费。

（八）饲料添加剂

就广义而言，饲料添加剂是指添加到饲粮中能保护饲料中的营养物质、促进营养物质的消化吸收、调节机体代谢、增进动物健康、改善营养物质的利用效率、提高动物生产水平、改良动物产品品质的一类物质之总称。但习惯上，人们为了满足畜禽的营养需要，对天然饲料中已有的营养物质，再另外增加一些，从而起到补充或强化作用的一类物质，称为补充物（Supplements），如各种矿物质、维生素、氨基酸和油脂等添加剂，因此，饲料添加剂也称为营养强化剂。

对那些天然饲料中所没有的物质，为了防止饲料品质劣化、提高饲料适口性、促进动物健康生长和发育、或提高动物产品的产量和质量等目的，而人为加入的一些物质，称为添加剂（Additives），如抗氧化剂、增味剂、抗结块剂、防霉剂、驱虫剂、保健剂、抗生素和着色剂等。这就是狭义的饲料添加剂概念。用简单一句话描述，即指各种用于强化畜禽饲料效果和有利于配合饲料生产和贮存的一类非营养性微量成分就可以成为饲料添加剂。

现代养殖业（包括饲料加工业）不可缺少饲料添加剂，虽是不可缺少但也不能乱加，否则是最大的"不清洁"，这也要成为一个原则。

二、饲料供给的途径

1. 饲料原料的供给途径　养殖业最大的依赖在于饲料的保障。养殖业与农业（特别是粮食作物、饲料作物）是天然的链接关系。没有足够的粮食及其他饲料资源保障，畜牧业的发展必然受到一定的限制。

据冯华的报道，我国粮食连续 12 年增产，连续 3 年稳定在 0.6 万亿千克以上，与此同时，我国的粮食库存也达到了高峰值。但几乎与增产同步，我国的粮食进口量也在持续增加，预计 2015 年全年进口量达到 1 200 亿千克以上。而且海关总署分析，2015 年大豆进口量达到创纪录的 8 169 万吨，比上年增加了 14.4%。另据中国畜牧业信息网报道，2014 年我们进口乳清粉 40 万吨左右，主要来自于美国，进口饲草也已经成为新常态。可见中国发展畜牧业确实存在客观的饲料资源限制问题。

目前的养殖业已经进入到了转型发展的特别时期，以农户为主的家庭化、小型化的养殖在逐步萎缩，而规模化养殖又是以资本为基础、以市场为引导来组织生产的，很多饲料资源，尤其是广大农区的饲草、秸秆资源没有很好地利用。这在某种程度上脱离了中国的养殖业实际，更是对饲料资源的一种浪费，这些应引起转型中的中国畜牧业行业管理者及企业家们的高度重视。好在从 2017 年开始，国家提出了"推广粮改饲，建立新型的种养关系"战略，这对于解决我国饲料供给问题，特别是对于发展草食畜禽的发展将起到重要的政策基础和引导作用。因此，在养殖业的饲料原料供给途径上，我们首先应依赖于自己的力量，如草原与草场的维护和建设；其次要大力发展广大农区的饲料资源；同时，应当通过养殖结构的调整来破解我国的饲料供给格局，大力发展节粮型畜牧业。作为养殖场应当依据当地饲料资源合理安排饲料供给，在把握好养殖场的总体饲料供给和养殖效率之间找到平衡。

2. 配合饲料的供给　现代化养殖场必须按照畜禽的营养需要，饲喂全价的配合饲料。

所以，在保障饲料原料供给的基础上，配合饲料的生产和供给是最基本的、也是最为常态化的需求。

配合饲料的供给分为两类：

第一种是购置饲料生产企业的配合（全价）饲料。养殖场可以通过与饲料企业签订供给协议，保障养殖场内需要的各类饲料的按时供给。这种供给方式，可以减少库存、减少自己加工生产的技术投入，也减少了饲料生产环节的浪费。目前，这种饲料供给形式多见于中等规模的养猪场和养鸡场等。当然，集团经营的畜牧业，也可以采取专门化的饲料生产和专门化的养殖进行统一经营和管理。

第二种是购置饲料原料进行自配饲料。养殖场在充分掌握饲料资源的情况下，进行自制生产。这种饲料供给形式可能在总成本上有所减少，但必须具备两个条件：一是各类饲料原料容易购置，二是具备自己配制生产的技术能力。在养殖场内部，这种饲料供给需要较大的饲料库存和加工场地。所以，这种饲料供给一般适合于大型养殖场，一些小型养殖场也可以通过购置预混合饲料或浓缩饲料，进行简单的配置，相对也可以减少生产成本。

三、饲料供给的控制原则和节约措施

无论哪种饲料供给形式，从生产经营的角度或是从资源管理的角度看，都应当提倡节约意识，采取不同的措施，提高饲料的有效性供应。

1. 控制库存、减少浪费　饲料是养殖业的命根子，必须有一定的库存。但是库存的量越大，成本就越高，可能的浪费就越大。所以，保持恰当的饲料库存必须遵循一定的原则和规律。库存量的计算方法很多。下面是养殖场饲料总库存量的计算方法，仅供参考。

计算公式：

$$标准库存量 Q = \sum Qi = \sum_{i}^{n} Mi(Oi + Li + Si)$$

式中　Q——所需要各类饲料（原料）的集合，就是总的标准库存量；

　　　Qi——某类饲料的标准库存量；

　　　Mi——某类饲料（原料）的周需要量或月需要量（吨/周或吨/天）（可查阅资料）；

　　　Oi——某类饲料（原料）的订货周期，一般以周或月计算，如订货需要 3 天，则订货周期 $Oi = 3/30 = 1/10$（月）；

　　　Li——订约后到货周期，同上述意义，如到货需要 2 天，则到货周期 $Li = 2/30 = 1/15$（月）；

　　　Si——安全库存周期，为防止意外事件，而必须保障的饲料库存周期。一般综合考虑各种因素，可以定位 5 天、7 天、10 天等。

显然，安全库存受到上述两个周期的影响。通常安全库存周期可进行下列计算：

$$Si = (Oi + Li) \times 0.7$$

详细分析可知，公式的前两项 $(Oi + Li) \times Mi$，就是安全采购量；后一项 $Si \times Mi$，

就是安全库存量。实际生产中，饲料库存量还会因为养殖数量的调整变化而引起一些变化，需要及时进行估算，及时采购，保障生产。

例如，某养猪场口需要玉米 2 吨，麸皮 1 吨，浓缩料 1 吨。而这些原料或浓缩饲料采购的周期分别是：

玉米：$Oi=2$ 天；$Li=2$ 天；$Si=(Oi+Li)\times 0.7=2.8$ 天

麸皮：$Oi=1$ 天；$Li=2$ 天；$Si=(Oi+Li)\times 0.7=2.1$ 天

浓缩料：$Oi=1$ 天；$Li=3$ 天；$Si=(Oi+Li)\times 0.7=2.8$ 天

这样，养殖场的最低库存 $Q=\{2\times(2+2+2.8)+1\times(1+2+2.1)+1\times(1+3+2.8)\}=25.5$（吨）。

计算中也可以看出，玉米的最低库存是：13.6 吨；麸皮是：5.1 吨；浓缩料是：6.8 吨。

由于考虑了众多因素，所以，这个最低库存量可以称为标准库存量。

当然，在保障日常库存期间，还要做好安全与质量保护，防止浪费。主要措施有：

第一，设计和建设好各类饲料的储存条件，如饲草棚、干草垛、精料库、冷藏间等。

第二，做好防鼠、防火、防雨、防潮等基本工作。

第三，定期抽查饲料的库存情况，发现问题及时处理，影响库存量的及时予以补充。

2. 保质保量、适时采购 饲料的数量固然重要，但质量是影响饲料配制，更是影响养殖安全的主要因素之一。所以，饲料供给的本质是为畜禽供给营养素，更是要保障畜禽产品的质量和人类的安全。

由于饲料来源的不同，生产季节的不同，加工方法的不同，饲料原料就有质量和营养成分的较大差异。饲料供给人员应当随时分析和掌握供给市场的行情，按照原料的核心营养素核价，不失时机地为养殖场把好饲料成本控制关，保质保量地完成养殖场的饲料供给任务。

3. 科学配置、保障供给 对于自行配制和加工饲料的养猪场而言，科学配置各类畜禽所需要的全价饲料，不仅需要加工生产的机械设备，更需要专门的营养师进行技术指导。

科学地配置生产饲料是对饲料的最大化利用，也是对资源的最大化节约。在实际生产中，配制生产饲料要注意的基本原则，就是随用随产、不要积压。因为是自配自产，所以加工的方法与贮存技术就较为简单，如长时间保存会造成营养素的大量损失，甚至会造成饲料的腐败变质。这一点对于大型养殖场更为重要，建议各类全价饲料的贮藏时间不超过 3～5 天。

第二节 饲料饲喂方法与清洁技术

养殖业就是把各类饲料通过畜禽转化成各类畜产品的过程。那么，通过什么方式把配好的饲料饲喂给畜禽，并能同时达到养殖效益最大化、饲料浪费最小化、污染环境可控化的目标呢？实践证明，需要从细微处研究饲喂技术和方法，从每个具体环节上做到清洁生产，减少浪费，防止污染。

一、饲料加工类型与饲喂方式选择

除了青绿饲料和青贮饲料外，对于配合饲料（或全价饲料）来讲，因为组合成分和加工程度不同会有不同的分类和相互联系。

从图5-1可以清楚看出，不同家畜家禽会有不同的营养需求和饲料供给类型。例如，牛羊饲料主要是由青、粗饲料（包括青贮饲料），外加精料补充料组成。猪和禽类饲料则是由能量饲料和浓缩饲料组成的全价配合饲料，有条件的可以补充青绿饲料（当然要选择适当的种类，所以用虚线画的箭头）。

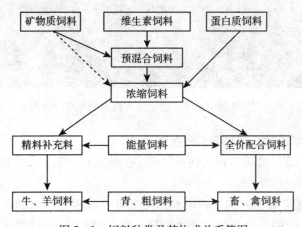

图5-1 饲料种类及其构成关系简图

在实际生产中，饲料的加工类型有许多种，如粉料、颗粒饲料、颗粒粉碎料、膨化饲料和压扁饲料之分，甚至还有流食等形式。加工形式不同，饲喂方法和效果就有很大差异。

（一）牛、羊饲料的加工类型与饲喂技术

牛、羊的主要日粮是青、粗饲料，依据青、粗饲料的质量和数量供给而补充的精料（也称为精料补充料）是对营养总需求的平衡。正如前文所述，因为青、粗饲料的多样性和复杂性等特点，也就造成具体饲喂技术的多样性。可以采用自由采食或限量饲喂两种方式。

1. 自由采食 在自由采食时，牛对同样质量的干草颗粒或草块的采食量高于长草或切短的草，可见适当的加工有利于采食，更有利于减少浪费。但是，对于高产奶牛而言，粗饲料不宜磨得太细，否则会影响正常瘤胃功能和乳脂水平。

2. 限量饲喂 限量饲喂多见于将精饲料和粗饲料按供给量人工饲喂或采用全混合日粮（TMR）的饲喂情况（图5-2），这种饲喂方法营养全面，饲料经过精心处理，造成的浪费和污染也相对较少。

在国内外较大的牧场内，沿干草垛或草捆的周围加上护栏，让牛自由采食干草，可以减少喂牛所需的人工费用。但这种方法的缺点是浪费比较严重，最后造成大量的牧场废弃物，不利于清洁生产。

图 5-2　TMR 饲喂技术（显示正在投料的小型饲料投放车）

（二）猪、禽饲料的加工类型与饲喂技术

在规模化养猪场或养禽场，日常饲料主要是全价配合饲料。但具体饲料形态不同也决定着日常饲喂的方法有所不同。

1. 粉料　就是把各类粉碎的饲料原料按照配方要求混合起来的粉状饲料，这是加工相对较为简单的配合饲料，而且加工成本较低。主要饲喂对象和方法有：育成后期和育肥猪的日粮；育成或成年蛋鸡、肉鸡的自由采食的日粮；牛、羊的精料补充饲料等。

但是，此类饲料也是日常饲喂过程中浪费最多的一种饲料。例如，有的把粉料撒在舍内地面上，让猪自由采食；有的把粉料集中放置在料盆里，让平养的鸡自由采食。一般粉料饲喂中容易造成营养成分不均，适口性较差，饲喂和采食过程粉尘较大，还容易引起猪呼吸道疾病。当然，也可以通过改变饲喂设施和条件来减少不必要的损失。

2. 颗粒饲料或颗粒粉碎料　这类饲料多是专为小猪、小鸡甚至小牛、羊的开食或调教采食而加工的。在制粒的过程中，颗粒饲料经加热加压处理，破坏了部分有毒成分，起到杀虫灭菌作用，这是它的主要优点。但制作成本较高，而且在加热、加压时破坏了一部分维生素和酶等。

当然，许多饲养试验已经证明：颗粒饲料或颗粒粉碎饲料在幼小畜禽的诱导采食、促进消化、提高增重效率上较粉料具有一定优势，而且可以大大减少饲料的浪费。所以，从清洁生产的角度看，我们还是大力提倡应用颗粒饲料或颗粒粉碎料的。各个养殖场应当依据具体情况而进行综合选择。

3. 其他饲料类型的饲喂技术

（1）膨化饲料也称漂浮饲料，是专门为鱼、龟（鳖）、鳗鱼等动物而制造的。膨化饲料比重比水轻，可在水中漂浮一段时间。由于淀粉在膨化过程中已胶质化，增加了饵料在水中的稳定性，减少了水溶性物质的损失，保证了饵料的营养价值。另外，因其在水上漂浮，易于观察，从而可根据鱼的采食情况进行投料，能有效避免投料过少或投料过多。一般地来说，膨化饲料喂鱼比普通颗粒料可减少10％～15％的饵料损失。

（2）压扁饲料就是将籽实（如玉米、高粱等）去皮（反刍动物可不去皮），加16％的水，通过蒸汽加热，然后压成片状迅制冷却，再配合各种添加剂制成。其适口性好，消化率高，并且由于压扁后饲料表面积增大，消化液能够充分浸透，促进饲料的利用率。当然，与膨化饲料一样，适当的加工也增加了饲料的成本，养殖场应权衡使用。

（3）液态料或湿拌料具有很多优点，但又有一定推广难度。在经济条件或加工条件不允许的情况下，可以使用干粉料加水成湿拌料的方法克服粉料的不足；这种湿拌料还可以提高适口性、增加采食量、减少粉尘和呼吸道疾病发生；可减少饮水次数，也便于采食。但饲喂湿拌料时饲料浸泡的时间不应过长，否则维生素容易受到破坏，夏天还要注意防止饲料霉变。

最近欧洲发达国家养猪均采用液体饲料（建议料水比为2∶1）。有研究表明，液态饲料对断奶仔猪有好处，因为小猪更倾向于采食湿的饲料。这种饲料可以定量定时投放，而且节省了饮水，让猪采食更加均匀，但是这种方式最大的问题就是对设备及其卫生条件要求很高，饲喂前后的管理也较为复杂，但浪费少，未来也可能是清洁养猪生产的主要方向之一。图5-3是仔猪用的简单湿料饲喂设备。

图5-3　仔猪液态饲料饲喂器（选自网络）

二、每日饲喂次数与饲喂量的控制

畜禽每日饲喂次数的选择应基于畜禽本身的消化生理特点、饲料加工形式以及饲槽的结构特点进行。因此，不同畜禽的日饲喂次数与方法就各有特点。

（一）猪的饲喂

1. 哺乳仔猪　哺乳仔猪的生长发育很快，1月龄就是出生体重的5～6倍，2月龄是1月龄体重的2～3倍。仔猪从3周龄开始，母乳已经不能满足其生长发育要求了。实践中，为了早日促进仔猪采食饲料，保证生长发育的需求，就必须在1周龄时开始训练采食。一般是用专门配制的颗粒饲料作为开口饲料。饲喂方法可采用一次投料或自由采食。开口料的饲喂常常设置在哺乳栏内，并要给仔猪足够的饮水。

2. 培育仔猪　断奶后的仔猪（目前多是28～42天断奶）要在原圈舍（分娩栏）内

饲养 7~14 天。要继续饲喂颗粒饲料，且逐步过渡到断奶仔猪饲料（颗粒为好）。每日饲喂次数可以采用"少给、多添、八成饱"的原则，即每日 5~6 次饲喂，但每次添加的饲料能保证吃干净为限，保证每只猪有八成饱即可。在转入仔猪群饲喂后，也应饲喂一段时间的颗粒饲料，每日饲喂 5~6 次，少给、多添加的办法。保证有干净卫生的饮水。

3. 育肥猪 育肥猪多采用粉料饲喂。在培育后期（1 周左右时间）应当提供部分粉料让猪只慢慢习惯粉料的采食。也可以采用"3-3-3"换料法。即添加新料替代原来饲料的三分之一，饲喂 3 天；再用新饲料替代原来饲料二分之一，饲喂 3 天；再用新饲料替代原来饲料三分之二，饲喂 3 天，3 天后全部换完。育肥猪的饲料营养全面、能量较高，大多采用猪自由采食的方法。

4. 母猪 对于自繁自养的猪场而言，母猪是猪群发展的核心，更是猪场生产的关键。集中表现在受胎率、妊娠率、分娩活仔猪数以及哺乳成活率等重要指标上。而每个指标都是基于母猪在其特定生理状态下的饲养效果。就饲喂次数和技术而言，也要分阶段而定。

（1）后备母猪：后备母猪一般占到繁殖母猪总数的 10%～15%，选择本品种的优秀青年母猪留种。后备母猪的体况和膘情还需要用饲喂方式加以控制。一般当体重达到 60千克后，就要控制饲喂高能量饲料，日增重控制在 450～500 克，日饲喂 2～2.5 千克优质全价饲料，而且分 2～3 次饲喂。

（2）妊娠母猪：母猪怀孕后其营养条件和体质水平直接决定着母猪和未来仔猪的健康质量。所以，应当注意几个原则：第一，防止霉变、腐败饲料混入母猪的日粮中，否则会造成胎儿的早期死亡；第二，按妊娠时间饲喂不同饲料。如在怀孕第一个月内，要做好饲料的过渡，更要保证饲料的质量，日采食量控制在 1.8～2.5 千克，且饲喂 2 次；在妊娠中期（妊娠 1 个月到 3 个月左右）基本保持在前期饲料数量的水平，但应当增加饲喂一定量的青绿多汁饲料，同时增加饮水量；在妊娠的后期（90～110 天），要增加饲喂量，同时改变饲喂妊娠后期或者哺乳期饲料，促进母猪乳房发育，保证胎儿体重的增加，一般日饲喂 3.0～4.0 千克，分次饲喂或自由采食方法均可；而到分娩前几天应逐渐减少饲喂量，到分娩前 1 天，则停止喂料。

（3）哺乳母猪：母猪分娩前后，要应对重大的生理变化过程。一般在分娩后第一天，饲喂不要太多，饲喂 0.5～1.0 千克即可，第二天可达 2 千克，第三天可达 3 千克，以后能够吃多少即可吃多少。当然，哺乳母猪的饲料质量以高质量为主（保障蛋白、能量、维生素等的供给）。

（二）蛋鸡、肉鸡的饲喂

1. 雏鸡的饲喂 雏鸡的饲养关键是早饮水和早开食。而开食阶段采用的是雏鸡开口料（即颗粒破碎料），让雏鸡自由采食。如果没有条件也可以先用小米、碎米、米糠或者玉米糁等替代，但 1～3 天后应当饲喂雏鸡配合饲料，否则会影响雏鸡的正常生长发育。对于雏鸡总的采食量也应当采用"少喂勤添八成饱"的原则，而且希望在 20～30 分钟内吃完。一般地，开始几天每天饲喂 2～3 次，以后每天 5～6 次，6 周龄后则稳定在每天 4次。不能在饲槽内剩余饲料，否则影响雏鸡下一顿采食兴趣，也会造成大量的浪费。育雏期间每只鸡的饲料消耗量大约需要 1.1～1.25 千克。详见表 5-2。

表 5 - 2　NRC（第 9 版）来航鸡蛋雏鸡的额体重与耗料

周龄	白壳品系		褐壳品系	
	体重（克）	耗料（克/周）	体重（克）	耗料（克/周）
0	35	50	37	70
2	100	140	120	160
4	260	260	325	280
6	450	340	500	350
8	660	360	750	380

引自：杨建成，胡建民．畜牧业清洁生产技术［M］．北京：中国农业出版社，2011。

2. 育成蛋鸡的饲喂　育成蛋鸡的饲养是决定未来蛋鸡正常产蛋和维持较高产蛋率的关键阶段。该阶段鸡的饲喂最重要的是做好两次换料工作。第一次是把育雏料换成育成料，可以采用"2 - 2 - 2"换料法，即每过 2 天换掉育雏料的三分之一量，这样，6 天后即全部换成育成料。第二次是把育成料逐渐换成产蛋料，方法可以参照前面的"2 - 2 - 2"换料法。

育成鸡与雏鸡一样，生长发育快，每周的饲料用量增长较大，要及时饲喂足够的饲料，保障鸡的健康。育成鸡的饲料用量可以参考表 5 - 3 的指标。

为了保障育成鸡未来蛋鸡的整齐化，育成鸡既不能太肥大，也不能太瘦小。在实际生产中，育成鸡有自由采食和限制饲喂两种方法，如果是一味地自由采食，就会出现一些早熟或发育过肥的现象；如果采用限制饲喂方法可以起到一定的"限制作用"，同时也会减少饲料的浪费。关于限制饲喂可以采取下列具体的方法：

（1）每日限饲法：即每天减少一定饲喂量，常在早上集中一次饲喂的方法。

（2）隔日限饲法：将 2 天减少后的饲料集中在 1 天饲喂，让其自由采食。

（3）二一限饲法：以 3 天为一阶段，连喂 2 天，停止 1 天，将减少后的 3d 的饲喂量平均在 2 天内饲喂。

（4）五二限饲法：同上述方法，即固定每周 2 天（不连续，如周二和周四；周三和周五）停喂，将减少后的 7 天的饲料平均在其他 5 天里饲喂。

当然，具体的限制饲喂的饲料量则要看具体的鸡群状态，一般变化也不宜于太剧烈，控制在 5%～10%即可。

表 5 - 3　NRC（第 9 版）育成蛋鸡的体重与耗料

周龄	白壳品系		褐壳品系	
	体重（克）	耗料（克/周）	体重（克）	耗料（克/周）
8	660	360	750	380
10	750	380	900	400
12	980	400	1 100	420
14	1 100	420	1 240	450

（续）

周龄	白壳品系		褐壳品系	
	体重（克）	耗料（克/周）	体重（克）	耗料（克/周）
16	1 220	430	1 380	470
18	1 375	450	1 500	500
20	1 475	500	1 600	550

引自：杨建成，胡建民．畜牧业清洁生产技术．北京：中国农业出版社，2011。

3. 产蛋鸡饲喂　影响蛋鸡的生产周期和效率的因素，除了光照、通风、温度的控制外，饲料的供给和饲喂方法也应当引起高度重视。表 5-4 列举了 21 到 72 周龄的轻型与中型蛋鸡饲喂量情况。

从表 5-4 可以看出，产蛋鸡早期的饲喂量的增加到中期（高峰期）的维持，再到后期的逐步减量，都要进行严格控制。要保持蛋鸡的适当体况与产蛋率的协调一致，也就是要符合本鸡群的基本产蛋规律。所以，用饲喂量进行产蛋调节也是饲养管理的重要举措。

4. 肉鸡　肉鸡的生长发育特点是成熟早、生长快、饲料利用率高。同蛋鸡一样，雏鸡的早开食、多饮水也是第一要务。从清洁生产的角度来看，肉鸡养殖过程的饲喂量和饲喂方法是管理的关键环节。

表 5-4　轻型与中型蛋鸡饲喂量情况

周龄	轻型蛋鸡		中型蛋鸡	
	体重（克）	饲喂量［克/（只·天）］	体重（克）	饲喂量［克/（只·天）］
21	1 360	77	1 680	91
22	1 410	95	1 730	105
23	1 450	104	1 770	114
24	1 500	109	1 820	117
25	1 520	114	1 860	123
26	—	118	—	127
27	—	118	—	127
28	—	114	—	123
29	—	114	—	123
30	1 590	114	1 950	123
31	—	114	—	123
32	—	114	—	118
33~37	—	109	—	118
38	—	109	—	114
39	—	104	—	114
40~41	1 603	104	2 090	114
42~49	—	104	—	109

（续）

周龄	轻型蛋鸡		中型蛋鸡	
	体重（克）	饲喂量［克/（只·天）］	体重（克）	饲喂量［克/（只·天）］
50～58	1 680	104	2 180	109
59	—	100	—	104
60～69	1 750	100	2 270	104
70～72		95	2 360	100
合计（千克）	—	38.1		40.4

引自：杨建成，胡建民．畜牧业清洁生产技术．北京：中国农业出版社，2011。

杨师等研究认为，肉鸡的快速生长需要一定的饲养水平作为保障，不可以单纯为了成本而降低饲料的质量。在肉鸡饲喂时，一般采取少喂勤添的方法，如 10～15 日龄，每天可以饲喂 6～8 次，每隔 3～4 小时一次；16～56 日龄，每天饲喂 3～4 次，每隔 6～8 小时一次。当然，饲喂量的多少也与品种、饲养管理的条件等有关系。

表 5-5 列举了 AA 肉鸡公母混养的年龄、喂料量与体重的关系。

肉鸡的饲养管理主要采取网上平养方法，也有利用地面垫料平养和笼养的。养殖场应当结合实际选择适当的养殖方法和饲喂技术。吴曼建议，从节约土地、预防疫病、提高效率上看，笼养是未来肉鸡发展的重要方向。

表 5-5　AA 肉鸡公母混养的周龄、喂料量与体重的关系

周龄	体重（克）	每周增重（克）	每周料量累计（克）	料量累计（克）	料肉比
1	165	125	144	144	0.87∶1
2	405	240	298	441	1.09∶1
3	730	325	478	920	1.26∶1
4	1 130	400	685	1 605	1.42∶1
5	1 585	455	900	2 504	1.58∶1
6	2 075	490	1 106	3 611	1.74∶1
7	2 570	495	1 298	4 909	1.91∶1
8	3 055	485	1 476	6 385	2.09∶1
9	3 510	455	1 618	8 003	2.28∶1
10	3 945	435	1 781	9 784	2.48∶1

引自：杨建成，胡建民．畜牧业清洁生产技术．北京：中国农业出版社，2011。

（三）牛羊的饲喂

根据牛羊的消化生理特点，牛羊的日常饲喂需要在饲草质量、精料补充、饲喂时间（次数）等 3 个方面做好饲养管理工作。

1. 奶牛的饲喂　以黑白花奶牛为例。

（1）犊牛：在保障吃好初乳的情况下，应当早日饲喂开食饲料（即混合精料，早期应

以液态的代乳料为主，后期以颗粒型为佳）；1周龄后即可用优质的干草让其自由采食，刺激瘤胃发育；3周龄后即可饲喂一些多汁饲料，如胡萝卜、地瓜、优质苜蓿等；8周龄后（一般到6月龄）可开始让其适当采食青贮饲料，并逐渐增加饲喂量；12周龄后，粗饲料的饲喂量应当占到采食量的50%～80%。

（2）育成牛：育成牛的饲养与培育目标是为了将来更好地产奶，并能维持较高品质、较长时间的产奶特性。所以，育成牛的饲喂就起到承前启后的作用。要保证足够的采食量，尤其是采食大量的优质粗饲料；粗饲料是牛代谢能量的主要来源，同时也是刺激育成牛生长发育的主要手段。饲养期间的日增重要达到0.7～0.8千克，才能保障在1.5岁左右达到配种体重和奶牛应有的体质和体型要求。

（3）青年母牛：是指从育成母牛初次配种至第一胎产仔时（一般是14～28月龄）的母牛。初配牛仍然处于生长的后期，也就是还没有体成熟。在配种怀孕后的前3个月，应当增加精料（在原来基础上增加0.5～1.0千克/天）。在产前一个月左右，精料的饲喂量可以达到每日2.5～3.0千克。以适应产后的高精饲料日粮。

（4）产乳牛：指产犊后产乳开始，到下一次产犊产乳时期的正常产乳母牛。该阶段奶牛处于特殊的生理阶段，既要保持较高的产奶量，又要适时引导发情、配种、怀孕，还要为下一次产犊产乳打下良好的基础。所以，如何掌握饲喂技术和方法，就十分重要。

就清洁生产而言，产乳牛的管理也是一般养牛场最为重要的核心牛群管理阶段。图5-4十分清晰地说明了产乳牛的产乳量变化以及体重和采食量的变化关系。由图可以看出，产乳牛的饲喂应当与产奶的阶段性生理和生产状态相对应。

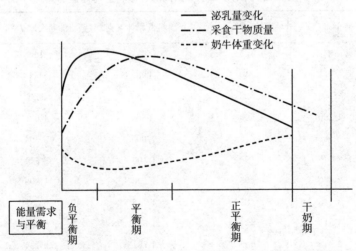

图5-4 产乳牛的产乳量变化以及体重和采食量的变化曲线图

依据奶牛的能量需求与平衡变化可分为负平衡期（相当于分娩后至产奶高峰前期；约为产奶后50～60天）、平衡期（相当于正常产奶期，即产奶量维持期；约为产奶的60～120天）、正平衡期（相当于产奶量逐步下降至干奶期到来前；大约是产奶的121～305天）和干奶期（产乳结束后约50～55天）。

显然，为了保障奶牛体况的恢复，对于奶牛的饲喂技术也必须进行相应的调整。具体饲喂要求可以参考表5-6。

表 5-6 奶牛日常管理与采食量供给关系

日常管理分期	一般管理要点	奶牛体重变化情况	产奶量变化情况	奶牛能量平衡情况	采食量要求与供给特点
围产前期（分娩前 14 天）	奶牛进入产房；产房清洁消毒；奶牛的后驱、乳房及阴部清洗，并用 2%～3% 的来苏尔消毒；准备接生	达最大体重	无产奶	负平衡	逐步增加精料量；少喂勤添，刺激采食；多饮水
分娩期（1 天）	接生人员消毒，消毒液洗手；准备消毒毛巾、产科绳、剪刀等；等待胎衣流出或认为帮助；兽医辅助、应急	分娩后体重最低	少量初乳	负平衡	产前饲喂温热麸皮盐钙汤约 10～20 克；产后饲喂温热益母草红糖水
围产后期（分娩后 15 天）	产后帮助母牛站立、预防产后瘫痪；促使奶牛泌乳；正确挤奶、保持卫生；注射 G_nRH_1 促进子宫恢复	体重最低至体况缓慢恢复	初乳至正常产乳	负平衡	饲喂优质干草；补饲料逐渐从占干物质的 0.2%～0.4%；增加到 0.6%～0.7% 再增到 1.5% 左右
泌乳盛期（产后 16～100 天）	辅助奶牛增加产奶量；适时配种；注意奶牛体况的变化；保障奶牛高能量和高蛋白质的供给是关键	体况缓慢恢复	产乳量急增至高峰期	负平衡至平衡	最大限度提高采食量；增加饲喂次数；采用最佳瘤胃发酵模式、刺激食欲等方式促进采食；每天至少 8 小时采食；每天补饲新鲜青绿饲料；推广 TMR 技术
泌乳中期（产后 101～200 天）	奶牛食欲最旺，需要持续供给足够的饲料（能量＋蛋白质）；注意奶牛的怀孕情况；保障产奶和怀孕两不误	正常体重	产乳量维持较高水平，后缓慢减少（5%～8%）	平衡至正平衡	适当减少精料的数量，增加优质饲草（占日粮干物质的 40%～50%，精饲料干物质不超过体重的 2.3%）；每日饲喂草干物质采食量不少于体重的 1.5%
泌乳后期（产后 201～305 天）	奶牛处于怀孕中后期，体重增加的主要是胎儿和胎盘部分；注意体况的恢复和平衡	正常体重至体重急增	逐步减少直至干奶阶段	正平衡	适当减少粗饲料的量，也适当减少精饲料的量；日粮的干物质占体重的 3.0%～3.2%；精粗料比可以达到 30：70
干奶期（45 天）	预计产期并可实施干奶技术，逐渐干乳或快速干乳法。最后一次挤奶后要防治乳房炎等；加强母牛的运动和产前准备（预防对奶牛的不良刺激、饮用清洁温水）	体重逐步达到最大	无产奶	正平衡	停乳后，大量饲喂干草等，精粗料比可以达 25：75；日粮的干物质总量应达到体重的 2%～2.5%

注：（1）麸皮盐—钙汤的做法与应用：麸皮 500 克，食盐 50 克，碳酸钙 50 克，温水泡开、化解均匀，产后母牛饮用。易于母牛恢复体力和胎衣的排出。

（2）益母草红糖水的做法与应用：益母草粉 250 克，加水 1 500 克；煎成水剂后，加红糖 1 千克和水 3 千克。母牛产后饮用，温度控制在 40～50℃；每天 1 次，连服 2～3 天。

2. 肉牛的饲喂 这里的所谓肉牛是广义的肉牛概念,一般包括品种型肉牛和非品种型肉牛。前者是指专门培育的肉用品种的肉牛;后者则是其他牛只经过育肥后的所谓肉牛,包括淘汰奶牛的育肥、乳用公牛犊的育肥、其他黄牛品种或杂交种育肥的牛等。显然,不同来源的肉牛饲养管理方法是不同的。综合起来,肉牛育肥的方法可以概括为持续育肥法和后期集中育肥法。

(1)持续育肥法:此方法就是保持犊牛断奶后持续高水平营养的饲养技术,表现在精料的比例较高(可以占到总营养物质的50%左右);牛只的日增重可以达到1~2千克;周岁左右即可结束育肥;活体重可达400~500千克。本方法多适用于肉用品种的肉牛、奶牛公牛犊育肥、肉用杂交后代的育肥等饲养。

(2)后期集中育肥法:此方法是对于2岁左右尚未育肥或者不够屠宰体况的牛的育肥措施。一般针对的是淘汰奶牛、农区的成年耕牛、草原或草地放牧牛只的催肥以及其他牛的育肥等。主要体现在较短的时间内集中较多的精料饲喂,促使增膘、改变体况、迅速达到屠宰的体重要求。由于有前期较长时间的生长发育,牛的体格已经基本成型,所以也称为架子牛后期育肥。饲喂方法主要采取自由采食的形式。精料的质量和数量取决于粗饲料的来源和质量,需要具体权衡。当然,条件具备时可以选用TMR技术。

3. 肉羊的饲喂 根据目前的实际生产状况,肉羊的育肥可以分为三类,即放牧型育肥、舍饲型育肥和混合型育肥等方法。就清洁生产而言,我们重点讨论后两种育肥方法。

(1)放牧型育肥:主要采取天然牧场、人工草地或秋茬地放牧、催肥的方法(也称为抓膘)。它主要依靠的是自然草场资源,投入少,技术简单,天然放牧的羊只具有独特的品质;但是养殖时间长,受制因素多且不可测,所以羊只的个体差异较大。一般夏秋季配种的母羊,可以把羊羔产在冬季或早春,这样的羊只经过夏季和秋季牧场的放牧,体重增加较快。等到年底即可出栏了(这就是每年草原羊只季节性出栏上市的原因)。

(2)舍饲型育肥:是指在畜舍内饲养育肥的一种养殖方式。在农区或者其他饲料资源丰富的地区可以进行这种饲养方法。一般是将肉用型羊羔圈养在适当的畜舍内,提供足够的优质饲草和精料,当然,按照TMR技术要求会获得更好的效果。优质牧草如苜蓿干草、黑麦、燕麦等是首选,也可选择作物秸秆、糟或糠类等。如能够补充青绿饲料则更好。

(3)混合型育肥:就是指在放牧的基础上,再进行一些补饲和催肥的方法。这种方法具有上述两种方法的优势,而且可以充分利用资源优势,同时在较短时间内达到较好的育肥效果。目前,建议条件好的牧区、一些具有林间草地放牧或秋季换茬条件好的农业区等均可以采取这种方法。

三、饲槽的选择和改进

对于舍饲畜禽而言,饲槽是畜禽采食的基本设施,要做到清洁饲喂。饲槽的结构、形状、材质以及安装情况等,都会影响到畜禽的采食效率,以及饲料的浪费情况。

(一)饲槽的类型

因为制作材料不同、饲喂畜禽类型不同、养殖的方式不同,畜禽饲槽的类型就有多种多样的选择。

1. 按照制作材料不同分类 制作饲槽的材料主要有铁质、无毒塑料、混凝土、石材、木质、其他混合材料等。石材和木质的饲槽现在已经很少使用，其他混合型材料的饲槽主要是一些代用材料，但如果影响到采食和营养安全则不要选择。所以，常见的主要还是铁质、无毒塑料及混凝土制作的饲槽。

（1）塑料材料制作的饲槽：此类饲槽的塑料材质一般是无毒的，如聚乙烯、聚丙烯等。它轻便、易于移动、清洗方便、成本也较为低廉。一般适用于小型畜禽，不会造成破坏。如小鸡的采食盘、平养鸡的自由采食盘、哺乳小猪的补饲料盘等（图5-5、图5-6、图5-7）。

图5-5　小鸡的塑料采食盘（三种结构形式）

图5-6　平养鸡舍的塑料饲槽

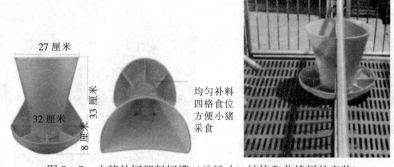

图5-7　小猪补饲塑料饲槽（示尺寸、结构和分娩栏的安装）

（2）铁质的饲槽：此类饲槽是养殖中最常见的一类，而且以养猪用得较多。它的特点是结实耐用，容易消毒，便于现场（除了铸铁制作外）加工。一般多用于成年猪舍或者规模化养殖场等，如图5-8、图5-9、图5-10、图5-11所示。

图5-8　母猪分娩栏的铸铁饲槽

图5-9　断奶仔猪的铁质饲槽

图5-10　蛋鸡舍的通体铁质饲槽

图5-11　仔猪舍用的铁质饲槽（底部铸铁）

（3）混凝土结构饲槽：此类饲槽结实耐用，成本较低，便于就地制作，但是因太笨重，不便于移动、清洗和消毒。多用于猪舍或牛羊舍饲槽（图5-12、图5-13）。

图5-12　仔猪（育肥）用混凝土饲槽

图5-13　牛用的混凝土饲槽

2. 按照养殖对象和方式不同分类　因为畜禽种类和大小不同，特别是养殖方式的不同，饲槽的形式和结构、组成就会有较大差别。

（1）个体饲养或特殊养殖的饲槽：如母猪分娩栏的专用饲槽（图 5-14）、妊娠母猪饲喂栏、犊牛饲养的补饲槽（图 5-15）等。这类饲槽一般是单个结构，多与畜栏一体化设计建设。当然，饲槽的材质可以选择多种形式。

图 5-14　妊娠母猪饲喂栏（混凝土制作）　　　图 5-15　犊牛饲养的补饲槽（塑料制作）

（2）小群饲养方式的饲槽类型：这类饲槽样式多、结构类型也较多，各类材料均可用于饲槽制作。因为养殖方式和水平的不同，所以选择的类型很多（图 5-16、图 5-17、图 5-18）。

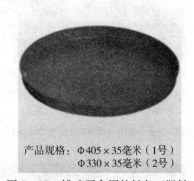

产品规格：Φ405×35毫米（1号）
　　　　　Φ330×35毫米（2号）

图 5-16　哺乳仔猪补饲槽（铁质）　　　图 5-17　雏鸡开食用的料盘（塑料）

图 5-18　育肥猪舍的干湿料饲槽（左图料桶是塑料的、右图料桶是铁质的）

（3）规模化养殖的通体饲槽：这类饲槽的结构统一，常常与畜禽栏舍进行整体设计建设，而且与喂料方式结合构成多种样式的饲喂系统。规模化养殖的数量大、畜舍集中、养殖密度大，所以饲槽实行统一的通体式结构最为简单，也节约成本。这种饲槽有利于畜禽个体选择，特别是在自由采食时，能够保障每个个体采食充分（图5-19、图5-20、图5-21）。

图5-19　规模化奶牛场的TMR饲喂技术（自由采食、混凝土地面；左右牛棚结构各异）

图5-20　规模化养殖场的通体饲槽（混凝土槽；左边是自动限量喂料，右边是一次喂料）

图5-21　蛋鸡舍通体饲槽（左图是自动喂料设备，右图是人工喂料）

但在实践中，规模化养殖的通体饲槽也是饲料浪费的一个重要区域或环节。如果不注意控制好饲喂次数或数量，就会造成较大的浪费。

3. 智能化饲槽　因为每个畜禽个体的体重、代谢状态、生产能力等都是不同的。依据电子识别系统，针对每个个体的准确营养需要而设定畜禽个体的采食量和采食方法。

图 5 - 22 显示了母猪智能化饲槽及其饲喂方法。该饲槽就是一个特定饲喂通道，只对特定的猪只开放，其他猪只只能等前面的猪只采食够了以后方可以进入。它的电子喂料系统、信号感应等能通过母猪的电子耳牌号识别母猪身份，根据原来存储的猪只胎次、膘情、妊娠天数等信息自行执行管理计划。这种方法减少了人力饲喂劳动，饲料配置科学，保证了营养供给，也减少了饲料的浪费。

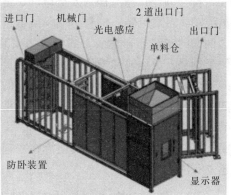

图 5 - 22　母猪智能化饲喂系统（右图为该系统的结构原理图）

智能化饲槽，甚至智能化管理系统在发达国家已经具有一定规模，我国也正在积极探索和实验推广。诸如自动化的饮水与喂料系统、通风和温控系统、光照系统、自动清粪系统、畜舍环境监测控制系统等都有不同程度的应用。这些智能化技术大大降低了人工费用，也具有及时、准确、节约、全面等特点，但也具有管理成本高、技术投入高、人员素质高等要求。

针对我国的实际，我们还是处在人口众多，资源紧缺的基本态势下，养殖技术和设备的选择，应当因地制宜地推广和建设。

（二）饲槽选择与饲料的节约措施

上述内容详细分析了各种类饲槽的优缺点。那么，针对不同的饲养对象、不同的管理方式等，我们必须恰当地选择和安装好每个畜禽所需要的饲槽。实践中我们也常常发现，一些饲槽的位置欠佳、大小不合适甚至不符合畜禽在舍内的活动要求等，由此造成许多管理上的不便和饲料的浪费。因此，就清洁生产的角度而言，选择和安装好饲槽还应当特别注意如下几个原则：

第一，符合养殖对象采食生理和行为需求。处于不同生理阶段的畜禽，需要不同的饲料类型和饲料供给方式。所以，满足饲喂对象的生理需要、便于其采食的行为活动是饲槽选择和饲喂方式选择的首要原则。例如，雏鸡的活动能力差，开食可以随时进行，且不易用大尺度的饲槽，选择专门的开食料盘最好。又如，母猪分娩栏专用的饲槽，应当选择铁质的，结实且便于消毒，饲槽的尺寸还可以放大一些，便于饲喂量的增加和青绿饲料的饲喂，而且可以减少饲料浪费。

第二，符合养殖对象对各类饲料类型的采食要求与规定。对于定位栏饲养的畜禽（如猪、蛋鸡等），因为大多是全价配合饲料，所以饲槽的大小尺寸应当符合一般设计要求，自由采食方式的尺寸宜大不宜小，分次数饲喂的尺寸可以适当小一点；安装的位置要符合畜禽的体格生长特点，不能千篇一律。对于分组散养或群养的畜禽，饲槽（如培育猪舍和育肥猪舍的饲槽、散养牛的补饲槽、平养鸡的饲槽等）的安装位置十分关键，在管理上，既要满足畜禽的采食，又要注意环境卫生和饲料的节约，有利于饲养人员及时打扫和清理。

第三，符合饲养管理流程（人员流动、畜禽流动和饲料运输等方面）的需要。养殖场内，人员流动、畜禽流转、饲料运输（或输送）是每日最主要的生产过程。这些过程与饲喂技术、饲槽的安装都有关系。饲槽应当安装在饲料易于添加、畜禽又便于采食到的位置，也便于饲喂人员运输和操作。特别是人员通道、运输通道、畜禽转运通道尽量不要影响饲槽的安全和卫生，尽量分道通行。平时的管理中也应尽量不影响畜禽的采食活动。

第四，符合节约饲料降低成本的要求。重视饲喂技术的目的就是要提高效率、减少浪费，饲槽的选择和安装必须坚持这个原则。实践中饲槽太小、太烂、安装位置不合适等，常常造成饲料的外撒，进而又与粪便混在一起造成更多废弃物。因此，我们不仅要有成本意识，还要有清洁环保意识。

第三节　其他饲料与饲喂技术的应用

一、提高饲料的转化效率

目前，我国饲料工业已经非常发达，2010 年饲料总产量 1.62 亿吨，首次成为世界第一饲料大国，2015 年全国饲料的总量已经突破 2 亿吨。随着养殖业的规模化、集约化迅速发展，饲料加工的精细化和不断提高饲料的转化率是饲料工业发展的重要方向。

所谓饲料加工的精细化就是要以畜禽营养需要研究为基础，不断提高饲料加工技术水平，充分利用各种原料资源，提供各类畜禽不同生理状态营养需要的饲料，这也是现代畜牧业专业化、规模化的物质基础。

提高饲料的转化率就是饲料本身应有较高的消化率和代谢率，从而使得饲料转化成畜禽产品的效率最大化，即饲料的转化效率最大化。通过提高转化率降低养殖成本才是最根本的途径。实践证明，影响饲料转化率的因素很多，可以分为三方面，第一方面是畜禽本身的消化代谢能力，是由品种遗传特质决定的。第二方面是养殖环境与条件。第三方面是饲料及其相关技术，主要取决于原料特性、加工水平、饲喂方式、添加剂使用等。

利用各种育种方法和指标体系来提高畜禽对饲料的转化效率，是畜牧研究者一贯的追求目标。例如，海波尔公司在猪的育种实践中，就把饲料转化率作为重要的选育指标。如在母猪选育中，饲料转化率占到选育系数的 13％，而在公猪选育中，饲料转化率占到选育系数的 31％～33％。同时利用剩余采食量（Residual Feed Intake，RFI. 就是猪的实际采食量和其预测所需采食量之间的差值，其中该预测值是根据猪的年龄、体重和对维持其生长的营养要求计算得到的）的选育，探索了许多有益的选配方案，以提高净饲料效率。

针对改善养殖环境条件，提高畜禽舍的舒适度，本书重点从饲喂技术细节入手，节约饲料，减少污染等进行分析。前文已有详述。

二、减低饲料中氮磷元素的含量，减少粪便氮磷的排放量

现代动物营养学的营养管理目的，就是通过营养消化率的提高和平衡含氮的不同组分来改善动物体蛋白合成效率，并满足动物的营养需求。那么，理论上饲料中的氮、磷含量达到所需要营养物质的最小使用量，在其粪便中排放的氮、磷废弃物含量必然会最低。

据欧洲共同体联合研究中心的建议措施有：

第一，降低蛋白质饲料的使用，提高氨基酸及其相关化合物的使用。

第二，降低磷饲料的使用，提高植酸酶和（或）易消化无机磷酸盐的使用。

第三，使用其他饲料添加剂及合理使用促生长物质。

第四，增加高消化性（饲料）原料的使用。

表 5-7、表 5-8 分别是比利时、法国和德国在采用参考饲养方案前后的实验结果。对于家禽，已经证明，饲料蛋白质含量降低 3%，水的摄入量下降 8%。

表 5-7　比利时、法国和德国 P_2O_5 排放的标准水平 ［FEFANA，2001］

动物种类	比利时 ［千克／（头·年）］	法国 （克/动物）	德国 ［千克／（头·年）］
仔猪	2.02	0.28	2.3
育肥猪	6.5	1.87～2.31	6.3
种公猪和母猪	14.5	14.5 ［千克／（头·年）］	14～19
肉鸡	0.29		0.16
蛋鸡	0.49		0.41
火鸡	0.79		0.52

资料来源：欧共体联合研究中心（化学工业出版社，2013：151. 下同）。

表 5-8　比利时、法国和德国的标准排放水平（采用参考饲养计划后所得的 P_2O_5 产出减少百分比）［FEFANA，2001］

动物种类	比利时 （%）	法国 CORPEN1 （%）	法国 CORPEN2 （%）	德国 RAM （%）
仔猪	−31	−11	−29	−22
育肥猪	−18	−31	−44	−29
种公猪和母猪	−19	−21	−35	−21
肉鸡	−39			−25
蛋鸡	−24			−24
火鸡				−36

三、几种饲料添加剂在畜禽粪便除臭中的应用

在众多的饲料添加物质中，有许多可以减少畜禽粪便臭气的产生或释放，在清洁养殖

方面具有十分广阔的应用前景。

1. 沸石粉 沸石的种类很多，但它们的共同特点就是具有"架状结构"，就是说在它们的晶体内，分子像搭架子似地连在一起，中间形成很多空腔，使其表面积增大。对畜禽舍氨气、硫化氢等有害气体有很强的吸附性。将其添加到饲料中，可补充畜禽所需要的微量元素，提高日粮的消化利用率，减少粪尿中含氮、硫等有机物质的排放，提高动物的生产性能。在蛋鸡料中添加 2% 的沸石粉，可减轻鸡舍的臭气，防止细菌性腹泻，使产蛋率提高 10% 左右。

2. 膨润土 膨润土是以蒙脱石为主要矿物成分的非金属矿产，蒙脱石结构是由两个硅氧四面体夹一层铝氧八面体组成的 2:1 型晶体结构，又称斑脱岩、白陶土、观音土、高岭土等。主要成分为硅铝酸盐，其焙烧物中 SiO_2 约占 50%～75%，Al_2O_3 约占 15%～25%，其次为铁、镁、钙、钠、钾、钛等，同时也含有动物生命所必需的某些微量元素，如锌、铜、锰、钴、碘和硒等。膨润土具有吸附性、微粒性、吸水性（可高达 200%～300%）、胶黏性和离子交换能力等特性。据报道，膨润土在动物瘤胃中不仅对多余的氨具有明显的吸附作用，而且还由于膨润土具有良好的乳化特性和离子交换能力，从而可有效地改善动物机体的代谢过程，提高动物增重 4%～11%。

3. 低聚糖 低聚糖又称寡糖，是由少数单糖（2～10 个）形成的聚合物。研究发现，寡糖仅被一些含有特定糖苷键酶的有益菌利用，发酵产生短链脂肪酸，降低肠道内 pH，抑制有害菌的生长与繁殖。同时，低聚糖还可以结合病原菌产生的外源凝集素，避免病原菌在肠道上皮的附着。在饲料中适量添加低聚糖，可促进动物肠道内双歧杆菌及乳酸菌等有益微生物的增殖，同时能增强机体免疫力，抑制沙门氏杆菌、大肠杆菌等病原菌的生长繁殖，改善肠道微生态，防止机体腹泻；其次，还能促进饲料中蛋白质和矿物质等元素的代谢吸收，从而提高动物的生长性能，改善动物的健康状况，降低粪臭素的产生水平。汪莉等在蛋雏鸡日粮中分别添加 0.15%、0.25% 和 0.35% 的低聚糖进行试验，结果表明，鸡只的日增重和饲料报酬显著高于对照组，同时，添加 0.15%～0.35% 的低聚糖试验组的氮的排泄率、硫化氢和氨气的产生量显著低于对照组。

4. 阿散酸 即对氨基苯胂酸。为白色或微黄色结晶性粉末，几乎无臭，无味。因不为消化道所吸收，故不会残留在畜产品中。不含致畸、致突变、致癌症等毒性，是一种高度安全性的饲料添加剂。给畜禽饲喂阿散酸，可提高饲料利用率和蛋白质的合成，使动物肠道平滑肌增厚，能抑制肠道中部分有害细菌（如大肠杆菌、沙门氏杆菌和金黄色葡萄球菌等）的生长与繁殖，可杀灭原虫及螺旋体等病原体，使小肠黏膜变薄，促进机体对营养物质的消化吸收，减少废气的排放。

5. 有机酸制剂 有机酸制剂应用十分广泛。在畜禽养殖方面，有机酸可激活胃蛋白质酶（原为胃蛋白酶），减少饲料在胃内的消化时间，增进动物对蛋白质、能量和矿物质的消化吸收，提高氮在体内的存留。同时能通过降低胃肠道的 pH 改变胃肠道的微生物区系，抑制或杀灭有害微生物，促进有益菌群的生长增殖。

6. 酶制剂 酶制剂是指从生物中提取的具有酶特性的一类物质。酶是一种生物催化剂，它可补充机体内源酶的不足，激活内源酶的分泌，破坏植物细胞壁，使营养物质释放出来，提高淀粉和蛋白质等营养物质的可利用性，破坏饲料中可溶性非淀粉多糖，降低消化道食糜的黏度，增加营养的消化吸收。同时，可部分或全部消除植酸、植物凝集素和蛋白酶抑制因子等抗营养成分。

陈璐等研究者，结合酶制剂研究的现状与发展趋势，分析了环保酶制剂对畜禽养殖废弃物的无害化处理与资源化利用的有效性与必要性，详细阐述了脂肪酶、纤维素酶、角蛋白酶以及其他微生物酶制剂用于畜禽养殖废弃物处理的研究进展与应用情况，并且分析了现阶段应用酶制剂处理畜禽养殖废弃物存在的问题以及针对该领域酶制剂研究的发展方向。他们认为畜禽养殖废弃物具有排放量大、废弃物干湿混合、成分复杂及含大量微生物及重金属等特点，应该采用潜力大的新酶制剂品种，提高酶制剂的转化效率与抗逆性，改善其底物选择性，提高稳定性以及可操作性，并控制成本等。

7. 莫能菌素　莫能菌素（Monensin），又称瘤胃素（rumensin），是一种在反刍动物中运用较广泛的饲料添加剂，商品名为瘤胃素。它是由肉桂地链霉菌发酵产生的聚醚类抗生素。作为一种离子载体物质，它可抑制瘤胃革兰氏阳性菌的生长，能与 Na^+ 或 K^+ 形成脂溶性络合物，并使它们通过生物膜的转移，促进营养物质的消化和吸收，可改变瘤胃的发酵类型，减少乙酸和丁酸的浓度，增加瘤胃中丙酸的含量，抑制乳酸的产生，提高瘤胃的 pH，降低饲料中的蛋白质在瘤胃的降解，减少甲烷和氨气等有害气体的产生。此外，在猪饲料中添加泰乐菌素也可降低猪排泄物中吲哚和粪臭素的水平。

8. 植物提取物　自然界中许多植物的提取物也具有降低粪便臭气臭味的功能，如丝兰属植物提取物，其提取物的有效成分为丝兰皂角苷和脲酶抑制剂复合物。它对多种有害气体抗性较强，可助长微生物利用氨气形成微生物蛋白，达到降低畜禽舍氨气的浓度，提高动物生产性能的目的。又如，大蒜、甘草、白术、茴香和苍术等具有特殊的气味，在饲料中添加可使鸡舍臭味减轻，还能起到健胃、提高食欲、增强机体抵抗力和促进生长的作用。再如，中国最为广泛使用的茶叶，其核心成分是茶多酚，其中儿茶素 β-环上的羟基提供的 H^+ 可与氨反应生成铵盐，使臭味减轻；其次是提取物中的咖啡碱、碳水化合物和氨基酸等物质通过物理吸附、化学合成、中和与缩合反应等将臭气除去。在猪日粮中添加茶多酚能降低猪粪中氨、甲酚、乙基酚、吲哚和粪臭素的含量。在奶牛日粮中添加 1% 的乌龙茶粉末，可使奶牛产乳量提高 10% 以上，且显著降低胃肠道中氨、硫化氢等有害气体的含量。

当然，这些添加剂可以进行各种复合配制，联合应用，其效果会更好。

四、中草药饲料添加剂降低粪便等废弃物的臭味产生

中草药在我国畜牧业的发展历史中发挥了极大的作用，不仅为畜禽防病治病，而且具有促进生长发育、提高饲料消化率的作用。因此，中草药不同于其他一般饲料添加剂。另外，许多中草药还具有清除粪便异味、减少有害气体排放方面的特殊作用。戴荣国等以陈皮、厚朴、木香为主进行中药材配方，研究中草药除臭剂对降低鸡排泄物中 N、P 含量，有效减少环境污染和臭气产生的作用。结果表明：这些中草药可显著降低鸡舍内 NH_3 浓度 36.76%、降低 CO_2 浓度 38.42%、降低 H_2S 浓度 100%；该除臭剂还具有显著降低鸡粪臭气化合物甲酚、吲哚以及 3-甲基吲哚的功能。

所以，从清洁生产的角度看，推广中草药饲料添加剂是清洁养殖业发展的一个重要技

术方向，具有独特的优势。这里特别推介几个能够减少畜禽粪便臭味产生的中草药添加剂配方，以供参考。

【配方一】地榆炭研成细末，以 0.1%～0.2%添加到猪饲料中投喂，可以使粪尿等排泄物臭味大为减轻。

【配方二】地榆炭 30 克、厚朴 6 克、诃子 6 克、车前子 6 克、乌梅 6 克、黄连 2 克共研磨为细末混匀，以 1.5%添加到鸡饲料中，可以防治腹泻，减轻粪便排泄物臭味。

【配方三】炒黄荆子 50%、地榆炭 50%，研为细末，以 0.1%～0.2%添加到猪饲料中投喂，可以减少粪便等排泄物的臭味。

【配方四】石菖蒲，研为细末，以 0.1%添加到猪饲料中投喂，可以清除体臭，大幅减轻粪便等排泄物的臭味。

第六章 畜牧业清洁生产的疾病防治技术

第一节 畜禽疾病概论

畜禽的疾病防治是养殖业的重要工作之一，无论是一个养殖场还是整个国家都不可以轻视的重要环节。尤其是重大疫病疫情，对于养殖场可能就是灭顶之灾，对于国家将影响到整个行业的健康发展，甚至连带其他产业的安全问题。近几十年来，全球性流行的疯牛病、禽流感、猪流感等造成的社会恐慌已众所周知。对于个体养殖者而言，往往感到"疾"比"疫"严重，但对于规模化养殖场而言，"疫"却比"病"严重得多。当然，总体上讲，它们都会给养殖业带来重大的经济损失，所以，绝不可以轻视。

一、疾病概念

人们对疾病的认知是在实践中不断总结和补充的。目前对疾病概念的基本认知是：疾病是动物有机体与外界致病因素相互作用产生的损伤与抗损伤的复杂斗争的过程，且表现为有机体生命活动障碍，同时，表现在畜禽生产效率的降低。如果机体损伤大于有机体的防御能力，则疾病会恶化；反之，则会逐渐恢复健康。

透过这个概念，可以看出几个方面的问题：

第一，疾病是在一定条件下由于病因作用于有机体而引起的。也就是，任何疾病都是有原因的，同时，这个原因必须对有机体有作用才可以引起疾病。所以，要分析病因，抓住引起疾病的各种因素及其作用特点，剔除病因，恢复健康。

第二，疾病是动物有机体的整体反映。其实，有机体每时每刻都在和外界维持一种平衡关系，平衡越好就越健康。当某种致病因子侵扰时，动物有机体的平衡被破坏了，疾病也就出现了。平衡破坏的程度不同，有机体的损伤程度就有不同表现。

第三，疾病过程是一个矛盾斗争的过程。任何一种疾病，都是有机体本身与致病因素之间的持续斗争，并表现出一定的规律。或者无法抗争致病因素而走向衰弱、死亡；或者慢慢恢复健康。这里也可以看出，针对动物疾病发生的特点及时给予辅助治疗（药物或其他手段），并使其尽快恢复健康，就是我们给予疾病积极防治的意义所在。

第四，对于畜禽而言，疾病必然带来生产效率的降低，进而降低经济效益。畜牧业生产的本质，就是通过畜禽本身的生长和生产给人们提供各类健康的畜产品。没有畜禽本身的健康，也就没有健康的畜牧业。

所以，我们应当树立"预防为主、防重于治"的疾病防治理念，提高畜牧业的整体发展水平。

二、疾病的分类

为了便于识别和治疗，需要对畜禽疾病进行分类。

(一)按照疾病发生的原因分类

1. 传染病 指由病原微生物侵入有机体，并在机体内进行生长繁殖，进而引起且有传染性的疾病。如：炭疽、猪瘟、疯牛病、鸡新城疫等。

2. 寄生虫病 特指由寄生虫侵入机体而引起的疾病。如猪蛔虫病、猪疥螨病、羊片形吸虫病等。

3. 普通病（非传染性疾病） 指一般性致病因素所引起的"内、外、产"科疾病。如外伤、骨折、胃肠炎、猪疝气等。

(二)按照疾病的过程（即轻重缓急）分类

1. 急性病 疾病发生快，经过的时间短，症状急剧且较为明显。常常表现为数小时或两三周。如药物中毒、发烧、炭疽等。

2. 慢性病 疾病的进程慢，经过的时间长，一般历时一两个月甚至更长，症状常常不明显或不突出，机体消耗较大，多呈现消瘦。如结核病、鼻疽、某些寄生虫病等。

3. 亚急性病 介乎于急性和慢性病之间。如猪丹毒等。

当然，病情还会依据情况转变，急性和慢性只是相对而言的。

(三)按照患病器官系统分类

依据这种方法，疾病可以分为：消化系统疾病、呼吸系统疾病、泌尿生殖系统疾病、营养代谢性疾病、运动器官系统疾病等。

当然，还有其他分类方法。如按用不用手术治疗分类；还可按药物使用来分类等。

三、致病因素的分析与清洁生产意义

这里主要讨论的是病因学内容。分析致病因素不仅对于治疗疾病有直接作用，而且对于致病因素的产生条件以及如何控制这些条件，从而在实际生产中减少发病的几率是十分有益的。

(一)病因学概念

任何事物的发生都是有原因的，畜禽的疾病也不例外。研究疾病发生的各类因素，并归纳出引发疾病过程的条件和规律性就是病因学研究的问题。

既然疾病是有机体与外界环境之间的抗衡与斗争，那么引起动物机体发生疾病的因素就必然有外因和内因之分。显然，外因只有通过内因才能起到作用。例如，结核杆菌是结核病的外因，没有结核杆菌就不可能有结核病；但是，结核杆菌侵入机体是否发生结核病，则取决于内因——机体的状况了，体质差就会出现结核病症状。

除了内因和外因之外，还有一些影响疾病发生的辅助因素。它们虽然不是引发疾病的直接因素，但却能够降低动物的机能活动性和防御适应性；或者反过来加强了外因的作用。这些因素可以称其为疾病的诱因。

例如，流行性感冒的发生，外因是感冒病原体（细菌或病毒），在气候骤变和受凉的情况下，有些体质弱的动物就会发生流行性感冒疾病。这里气候骤变或受凉就是诱因。

一般地讲，疾病都是内外因共同作用下的有机体各种不适应性表现。

（二）病因分类

1. 疾病发生的外因

（1）机械性致病因素：因为具有一定动能的机械力因素而作用于机体，从而造成机体损伤性疾病。如锐器或钝器的打击、爆炸的冲击波、机体的震荡等，都可能引起机体的损伤或障碍。

因机械力的性质、强度、作用部位和范围不同，造成的损伤不同。如挫伤、创伤、扭伤、骨折、脱臼、震荡等。引起的后果当然也不相同。

机械性因素往往具有不确定性、突发性、非传染性等特点。因损伤程度不同，疾病发生后就转化为不同的病理状态。

（2）物理性致病因素：这里指的是环境因素中的物理性因素，如高温、湿度、光照、辐射等因素，当这些因素作用达到一定强度或者作用时间较长时，都会对有机体产生各种物理性损伤。如烧伤、冻伤、电灼伤、辐射病等。

这些因素有的来源于自然大环境，有的来源于生产环节的小环境，因此要特别注意。

（3）化学性致病因素：可对有机体造成损伤引起疾病的化学物质很多。比如强碱、强酸、重金属、化学剧毒物、农药，甚至包括毒草。

化学致病因素对机体的作用特点是：第一，可有短暂的潜伏期；第二，对机体有一定的选择性；第三，作用方式取决于化学物质的性质、剂量、溶解性以及有机体的自身状态；第四，可损伤机体，也可以被机体中和、解毒或排出。

（4）生物性致病因素：生物性致病因素可以分为病毒、细菌和寄生虫三类。这些生物对有机体的侵入，主要是通过产生有害的毒性物质，如外毒素、内毒素、溶血素、蛋白分解酶等继而造成机体的病理性损伤。寄生虫还可以通过机械性阻塞、破坏组织、掠夺营养以及引起过敏反应而危害机体。

生物性致病因素的特点是：第一，致病作用有一定的选择性，即有比较严格的途径及侵入和感染的部位；第二，致病性很大程度取决于机体的抵抗力和感受性；第三，引起的疾病有一定的特异性，即相对稳定的潜伏期、比较规律的病程、特殊的病理变化和临床症状以及特异的免疫特征等；第四，有些病原体具有传染性。

生物性致病因素是传染性疾病与寄生虫病等群发病的主要原因，也是疾病防治的重点。

（5）营养性致病因素：由于畜禽饲喂不当，营养不够全面，甚至造成严重的营养缺乏或过剩等，都可能造成畜禽的疾病。这里分两种情形来说明。

第一，营养不足：这里有全面不足和部分不足。前者是整体营养不足，不能满足畜禽生长发育和生产的需要，造成畜禽饥饿，进而机体消瘦、抵抗力下降等，严重的会造成发育停滞或死亡；后者则是部分营养成分的缺乏，特别是维生素和矿物质的长期缺乏，就会造成各种代谢疾病，出现明显的营养缺乏症，有些缺乏症是难以恢复的，将严重影响畜禽业发展。

第二，营养过剩：就畜禽业而言，由于人们的饲喂管理，营养过剩的情况相对较少，营养过剩主要表现在营养不平衡时，造成一些营养成分的过度供给。如蛋白质过高，会造成酸中毒，甚至尿液酸度增加，甚至出现"痛风病"等；脂肪摄入过多，就会引起脂肪沉积，进而出现胆固醇增高、动脉硬化等疾病。

2. 疾病发生的内因 除了引起疾病的外因，还有机体自身的生理状态就是内因。一切致病的外部因素只有通过机体的内因才能起作用，特别是生物性致病因素更是如此。这时，要看两个方面力量的对比，一是机体在受到致病因素作用时能引起损伤（有反应），即有机体的感受性；二是有机体对致病因素的抵抗力。畜禽发生疾病就是对致病因素具有感受性，同时也说明自身的抵抗力降低了。

有机体的感受性和抵抗力与机体本身是否具有防御机制有关。其实，每种生命体在漫长的进化过程中，都形成了自己独特的抵御外界致病因素侵入和损害的生理结构和作用机制，否则，个体不能存在，种群不可延续。这种结构和机制包括浅层屏障和深层屏障。

（1）浅层屏障：皮肤——这是机体接触各类致病物质、并给予"阻止"的第一道屏障。畜禽的皮肤极为致密且具有被毛或羽毛，黏附在被毛或羽毛上的细菌、寄生虫等可以随着皮肤角化层和被毛或羽毛的脱落而被排除；皮脂腺和汗腺分泌的脂肪酸和乳酸等，使得皮肤表面呈现酸性，具有杀菌能力；皮肤表面一般缺乏血管和淋巴管结构，细菌、病毒或其他毒物不容易被吸收；皮肤表面有丰富的神经末梢分布，可以使得机体及时避开强烈机械刺激物的损害。

黏膜——动物具有很多黏膜结构，如眼结膜、口腔膜、鼻腔、呼吸道、消化道以及尿道等，这些黏膜性结构除了分泌和排泄作用外，通过黏附、溶解、酸碱性杀灭甚至通过反射性喷嚏、咳嗽、呕吐等机制抑菌和杀菌，从而起到一定的屏障作用。

淋巴结——微生物或其他致病因素一旦穿过皮肤黏膜进入机体，首先沿着皮下淋巴管进入淋巴结，并被挡在淋巴结内，这时淋巴结内的网状细胞和单核细胞就会把细菌和其他异物吞噬；淋巴结也能产生抗体，具有破坏菌体、中和毒素的作用。

（2）深层屏障：单细胞吞噬细胞系统——这是体内具有强烈吞噬及防御能力的细胞系统。主要包括分布全身的巨噬细胞、单核细胞和幼单核细胞，吞噬力强、没有特异性，在抗体和其他体液的配合下，吞噬能力明显增高。起源于造血干细胞的巨噬细胞，还能活化T、B淋巴细胞。在致敏淋巴细胞的协同下，巨噬细胞本身具有免疫性杀伤作用。

肝脏是一个强大的深部屏障器官。它除了丰富的网状内皮系统外，肝细胞还具有强大的解读机能，一般通过结合、氧化、合成等途径对侵入机体的毒物进行解毒。

例如，有毒的物质可以在肝脏内同硫酸根、甘氨酸和葡萄糖醛酸结合，形成无毒或毒性较低的产物排出体外；一些生物碱可以在肝脏内进行氧化反应，使其毒性破坏；肝脏可以把微生物产生的氨转化成尿素，降低毒性，并排出体外。

血脑屏障：在脑内，毛细血管壁的内皮细胞，其边缘互相压叠，细胞间没有裂隙；而在毛细血管外有一层连续的基膜，在更外面还有由星状细胞突触而形成的神经胶质膜。也就是说，由脑毛细血管壁与神经胶质细胞形成的血浆与脑细胞之间的屏障和由脉络丛形成的血浆和脑脊液之间的屏障，这就是脑血屏障。这些屏障能够阻止某些物质（多半是有害的）由血液进入脑组织。对于保护中枢神经系统起着十分重要的作用。

（三）内外致病因素的关系与清洁生产的意义

任何疾病都不是单一因素造成的，而是内外多种因素综合作用产生的。在疾病发生过程中，外因是条件，内因是依据。因为外界致病因素必须冲破机体防御屏障，超过畜禽的抗损伤能力，才可使得畜禽发病。所以疾病能否发生，取决于畜禽体况。即使发病，病的性质、轻重、发展和结果都随着内因的不同而有所差异。

因此，在养殖实践中，必须加强对畜禽的饲养管理，保证畜禽的日常营养需要，按照程序做好预防免疫工作，以提高畜禽的抵抗力和健康水平。从清洁生产的角度看，还应当在更大范围内，做好养殖场的外围大环境、舍内小环境的维护，防止可能的致病因素少出现、少发生。从图6-1来看，畜禽在恶劣的环境下，极易接触致病外因，而导致疾病发生。所以，要从养殖生产管理的各个环节着手，减少疾病发生的可能性，进而提高整个养殖场疾病发生的预防水平。

图6-1　恶劣的养殖环境（左图是牛场地面粪便与污水，右图是狭小环境与频繁消毒）

第二节　畜禽疫病防治与养殖场的清洁生产

一、畜禽疫病及其防治管理措施

各类动物（包括畜禽）的疫病，主要是指动物的传染病和寄生虫病。由于疫病的传播性、群体性和严重性，对其进行防控就是全局性的工作，需要各级政府部门采取统一部署、组织预防、协同监控、依法处置等一系列强制性的措施和手段。

（一）一般分类和管理措施

根据动物疫病对养殖业生产和人体健康的危害程度，《中华人民共和国动物防疫法》规定管理的动物疫病分为下列三类：

1. 一类疫病　是指对人与动物危害严重，需要采取紧急、严厉的强制预防、控制、扑灭等措施的一类动物疫病。

基本处置措施是：县级兽医主管部门应当立即上报疫情，在迅速展开疫情调查基础上由同级人民政府发布封锁令对疫区实行封锁；在疫区内采取彻底的消毒灭源措施；对受威胁区内易感动物展开紧急预防免疫接种。

2. 二类疫病　是指可能造成重大经济损失，需要采取严格控制、扑灭等措施，防止扩散的一类疫病。基本处置措施是：应立即上报疫情；在迅速展开疫情调查的基础上，由同级畜牧兽医主管部门划定疫区和受威胁区；在疫区内采取彻底的消毒灭源措施；对受威胁区内的易感动物展开紧急预防免疫接种。

3. 三类疫病　是指常见多发、可能造成重大经济损失，需要控制和净化的一类疫病。

基本处置措施是：在发生三类疫病时，当地人民政府和畜牧兽医部门应当按照动物疫病预防计划和国务院畜牧兽医行政管理部门的有关规定组织防治和净化。

无论哪类疫病，要实行预防为主，以及早发现、早预防、早处置等日常性工作，这不仅是政府管理部门监管的重点，更应是各个养殖者时刻予以监控的问题。

上述一、二、三类动物疫病具体病种名录由国务院兽医主管部门制定并公布。

（二）动物疫病病种名录

中华人民共和国农业部于 2008 年 12 月 11 日发布第 1125 号公告，发布了新版的《一、二、三类动物疫病病种名录》，1999 年发布的农业部第 96 号公告同时废止。

中华人民共和国农业部于 2009 年 1 月 19 日发布第 1149 号公告，发布了农业部会同卫生部组织制定的新版《人畜共患传染病名录》，在此也一并列举出来，以便查询。

1. 一类动物疫病（17 种）　口蹄疫、猪水泡病、猪瘟、非洲猪瘟、高致病性猪蓝耳病、非洲马瘟、牛瘟、牛传染性胸膜肺炎、牛海绵状脑病、痒病、蓝舌病、小反刍兽疫、绵羊痘和山羊痘、高致病性禽流感、新城疫、鲤春病毒血症、白斑综合征。

2. 二类动物疫病（77 种）

（1）多种动物共患病（9 种）：狂犬病、布鲁氏菌病、炭疽、伪狂犬病、魏氏梭菌病、副结核病、弓形虫病、棘球蚴病、钩端螺旋体病。

（2）牛病（8 种）：牛结核病、牛传染性鼻气管炎、牛恶性卡他热、牛白血病、牛出血性败血病、牛梨形虫病（牛焦虫病）、牛锥虫病、日本血吸虫病。

（3）绵羊和山羊病（2 种）：山羊关节炎脑炎、梅迪—维斯纳病。

（4）猪病（12 种）：猪繁殖与呼吸综合征（经典猪蓝耳病）、猪乙型脑炎、猪细小病毒病、猪丹毒、猪肺疫、猪链球菌病、猪传染性萎缩性鼻炎、猪支原体肺炎、旋毛虫病、猪囊尾蚴病、猪圆环病毒病、副猪嗜血杆菌病。

（5）马病（5 种）：马传染性贫血、马流行性淋巴管炎、马鼻疽、马巴贝斯虫病、伊氏锥虫病。

（6）禽病（18 种）：鸡传染性喉气管炎、鸡传染性支气管炎、传染性法氏囊病、马立克氏病、产蛋下降综合征、禽白血病、禽痘、鸭瘟、鸭病毒性肝炎、鸭浆膜炎、小鹅瘟、禽霍乱、鸡白痢、禽伤寒、鸡败血支原体感染、鸡球虫病、低致病性禽流感、禽网状内皮组织增殖症。

（7）兔病（4 种）：兔病毒性出血病、兔粘液瘤病、野兔热、兔球虫病。

（8）蜜蜂病（2 种）：美洲幼虫腐臭病、欧洲幼虫腐臭病。

（9）鱼类病（11 种）：草鱼出血病、传染性脾肾坏死病、锦鲤疱疹病毒病、刺激隐核虫病、淡水鱼细菌性败血症、病毒性神经坏死病、流行性造血器官坏死病、斑点叉尾鮰病毒病、传染性造血器官坏死病、病毒性出血性败血症、流行性溃疡综合征。

（10）甲壳类病（6 种）：桃拉综合征、黄头病、罗氏沼虾白尾病、对虾杆状病毒病、传染性皮下和造血组织坏死病、传染性肌肉坏死病。

3. 三类动物疫病（63 种）

（1）多种动物共患病（8 种）：大肠杆菌病、李氏杆菌病、类鼻疽、放线菌病、肝片吸虫病、丝虫病、附红细胞体病、Q 热。

（2）牛病（5 种）：牛流行热、牛病毒性腹泻/黏膜病、牛生殖器弯曲杆菌病、毛滴虫病、牛皮蝇蛆病。

（3）绵羊和山羊病（6 种）：肺腺瘤病、传染性脓疱、羊肠毒血症、干酪性淋巴结炎、绵羊疥癣，绵羊地方性流产。

（4）马病（5 种）：马流行性感冒、马腺疫、马鼻腔肺炎、溃疡性淋巴管炎、马媾疫。

（5）猪病（4 种）：猪传染性胃肠炎、猪流行性感冒、猪副伤寒、猪密螺旋体痢疾。

（6）禽病（4 种）：鸡病毒性关节炎、禽传染性脑脊髓炎、传染性鼻炎、禽结核病。

（7）蚕、蜂病（7 种）：蚕型多角体病、蚕白僵病、蜂螨病、瓦螨病、亮热厉螨病、蜜蜂孢子虫病、白垩病。

（8）犬猫等动物病（7 种）：水貂阿留申病、水貂病毒性肠炎、犬瘟热、犬细小病毒病、犬传染性肝炎、猫泛白细胞减少症、利什曼病。

（9）鱼类病（7 种）：鲴类肠败血症、迟缓爱德华氏菌病、小瓜虫病、黏孢子虫病、三代虫病、指环虫病、链球菌病。

（10）甲壳类病（2 种）：河蟹颤抖病、斑节对虾杆状病毒病。

（11）贝类病（6 种）：鲍脓疱病、鲍立克次体病、鲍病毒性死亡病、包纳米虫病、折光马尔太虫病、奥尔森派琴虫病。

（12）两栖与爬行类病（2 种）：鳖腮腺炎病、蛙脑膜炎败血金黄杆菌病。

4. 附人畜共患传染病名录　牛海绵状脑病、高致病性禽流感、狂犬病、炭疽、布鲁氏菌病、弓形虫病、棘球蚴病、钩端螺旋体病、沙门氏菌病、牛结核病、日本血吸虫病、猪乙型脑炎、猪 II 型链球菌病、旋毛虫病、猪囊尾蚴病、马鼻疽、野兔热、大肠杆菌病（O_{157}：H_7）、李氏杆菌病、类鼻疽、放线菌病、肝片吸虫病、丝虫病、Q 热、禽结核病、利什曼病。

二、畜禽疫病防治与清洁生产的关系

畜禽疫病的风险一直存在，促成疫病发生的各种因素又具有极大的不确定性。因此，日常饲养管理中，我们应当时刻给予高度警惕。畜牧业清洁生产的理论和实践已经阐明了养殖业全程化、精细化管理的重要意义。鉴于畜禽疫病的特殊性和管理的严肃性，有必要把两者结合起来，厘清整体养殖工作的流程和原则。

（一）把养殖场的疫病防治制度与清洁生产规划结合起来

疫病防治制度是养殖企业的基本制度之一，一般依照养殖畜禽的种类和养殖方式的行业技术要求与有关规定设计。这里主要体现在三个方面：一是养殖对象的防疫要求和预防接种等的流程；二是依据生产管理流程细化防疫工作的具体环节和措施；三是对于特殊疫情的处理和评估。在前面章节中，我们已经看到清洁生产的要求就在于全程化，从养殖场选址建设，到畜禽舍内的设计和建设，再到一些饲养管理细节要求上，我们都进行了详细的规定。所以清洁生产设计做得越好，防治工作就越会有序地进行，疫病控制的也就越好。

（二）把定期的防疫工作与日常的清洁生产结合起来

规划和制度是死的，执行不力一切都没有意义。许多养殖场的防疫问题往往都出现在执行方面，特别是日常性的管理方面。所以，要使养殖场不出现疫情，就需要把制度融入到日常工作中。针对养殖流程、各个环节的要求等，加强在关键环节的防疫工作及其投入。该打疫苗的，一个畜禽也不漏掉；该进行畜禽转栏消毒的，一个场地也不放弃。不要因为消毒、防疫耗费资金，就偷工减料。要消除侥幸心理，不要认为疫病不会光顾自己的养殖场。

（三）把疫病的处置与清洁生产的无害化处理结合起来

疫病防治不仅是政府业务部门的职责，更是全社会每个公民的义务，直接从事养殖业的个人和企业更是责无旁贷。我们必须按照国家法律法规处置疫病疫情。即使养殖场内出现个别传染病畜禽或其他的病害，也应当按照《动物防疫法》《重大动物疫情应急条例》《国务院办公厅关于建立病死畜禽无害化处理机制的意见》等，确保病死畜禽无害化处理，不让这些病死畜禽流入外界，成为新的传播源。要做到这样的结果，就必须按照清洁生产的要求，在养殖场内设置无害化处理的场地和设施。关于这方面内容将在下一章专门论述。

清洁生产强调的产前、产中和产后的各种管理细则和技术要求，同疾病治疗和疫病防治规定与要求是一致的。应当坚持"防""管"并举的原则，御"病"于未然。那种认为"病"比"管"还重要的企业基本上都是危险的。

第三节　清洁生产的畜禽用药技术

一、清洁生产理念下的畜禽用药原则

1. 依据法律法规使用　国家关于兽药的使用及其在食品原料中残留量等均有严格的规定，任何个人和单位都必须严格执行。最为直接和重要的是《兽药管理条例》中规定的有关用药要求。诸如"食品动物禁用的兽药及其化合物清单""兽药停药期规定""动物性食品允许使用，但不需要制定残留限量的药物""已批准的动物性食品中最高残留限量规定"等。需随时关注最新的行业法律法规变化和管理部门的公告。

2. 注重应用实践中的细节

第一，兽医人员要专业化，对一般饲养员也要进行适当医疗知识的培训。用药过程中不能造成医疗垃圾的乱扔乱放。对于病死畜禽要按照程序进行无害化处理。

第二，注重研究合理的疗程。病情有轻重缓急之分，要在正确的病情诊断下，治好病，用足药。因此，妥善用药，而未必是越多越好。

第三，针对气候、环境以及畜禽的整体状态确定用药。贯彻预防为主的要义是审时度势，有计划地进行群体给药预防或个别给药治疗，具体方法此不赘述。

3. 倡导健康养殖新理念　在日常饲喂中，大量不合格投入品的使用，会导致畜禽耐药性增高；药品投入进一步增大，致使疾病防控难度加大；继而会使药物残留影响到畜产食品的安全。而实现健康养殖就是要通过环境优良、饲料安全、疾病预防、精细管理、粪便无害化处理等措施来实现动物健康、畜产安全、人体健康的良性效果。显然，这些与我

们倡导的清洁生产理念是完全一致的。

二、畜禽药物的贮存

（一）畜禽药物贮存的一般条件

1. 密封和避光　防止药物的有效成分被氧化或破坏。

（1）密封：容器密封，能防止风化、吸湿、挥发和异物污染。常见的例如软膏管、玻璃瓶等。

（2）密闭：将容器密闭，防止尘土或异物混入等。

（3）熔封或严封：将容器熔封，防止空气和水分等进入，防止细菌污染，如玻璃针剂瓶等。

（4）避光容器：一般用棕色或黑色纸包装的无色玻璃容器或其他适宜容器。

2. 隔离有害或污染性的环境　药物最好放在专业库房，不要与化工产品、有较大气味或污染性的物质放置在一起。要与饲料、面粉、水房等贮藏库和区域有一定的距离，防止气味的互相影响。

3. 按照类别贮存和管理　可以按照普通药物、剧毒药、毒药和危险品等划分，并进行专库专管，特别是剧毒药和毒药要放入专柜加锁，专人负责。

（二）特殊药物及其贮存方法

1. 容易潮解的药物　特别指容易吸收空气中水分而后自行溶解失效的药物。如碘化钾、葡萄糖、氯化钠等，这类药物应当装入瓶内，放置于干燥处。

2. 容易氧化的药物　即置于空气中，易于和空气中的氧发生氧化反应的药物。这类药物需要严密包装，且要置于阴凉处。

3. 容易风化的药物　主要是药物中的结晶水会在空气中失去，进而出现风化，结晶被破坏。如硫酸钠、硫酸镁、阿托品等药物。这类药物需要密封，或者置于一定适度环境下保存。

4. 容易光化的药物　主要是指在光照下，一些药物会发生光化学反应，进而使得药物分解失效。如氨茶碱、盐酸肾上腺素等药物。这些药物一般要用棕色或黑色包装，或者用牛皮纸严密包装，且应当放置于避光阴凉干燥处。

5. 容易碳酸化的药物　因为空气中的二氧化碳可以进入水溶液形成碳酸，一些含有水分的药物就可能发生这种反应，进而破坏药性。如氢氧化钠、氢氧化钾、氢氧化钙等。这类药物要严密包装，置于阴凉干燥处。

6. 需要冷藏的药物　一些在常温下会分解或失效的药物。如大部分生物制品、血清等。这些药物应当置于冷库或专用冰箱。

（三）药物贮存的管理

养殖场的药物支出占很大一部分开销，应当建立专人负责的出入库账簿。在一般养殖场内部的管理中，药物多半是由兽医管制。但是用药常常具有时间上的应急性和用量上的不确定性。因此，参与管理药物的人员要及时记录药物使用情况和数量，并且及时报告购置，保持足够的库存种类和数量。

药物不同于其他物品，其药效取决于型号、批号、厂家、包装、有效期等要素。养殖场应当依据当地养殖实际情况，选择合适的厂家和药品，同时要依据实际用量，保持合理的库存种类和数量。必备的常用药不能缺少，但也不能贮存过量的药物。一旦药物过了有效期，处理起来是比较麻烦的（要按照规定程序销毁），也必然造成一定的经济损失。

第七章　畜牧业清洁生产的废弃物处理技术

从清洁生产的理念出发，规模化养殖场不仅要努力保障生产过程的废弃物"减量化"，还要对产生的废弃物进行"无害化"处理。所谓养殖废弃物就是养殖场内部一切非畜产品形式的、且由养殖生产活动过程中产生的"弃用之物"。近几年来，规模化畜禽养殖场带来的环境问题越来越受到社会各方面关注。国家也先后出台了许多针对养殖业废弃物管理的法律法规，而且执行的力度也越来越大，为畜牧业清洁生产理念及其技术推广提供了强大的法律法规支持。本章就养殖场可能产生的不同废弃物的无害化处理技术和方法，分别给予归纳和介绍，并结合一些养殖业实例给予重点说明。

第一节　畜禽养殖场废弃物种类与危害分析

一、畜禽养殖场废弃物的种类

在《中华人民共和国畜牧法》《中华人民共和国动物防疫法》《中华人民共和国环境保护法》《畜禽规模养殖污染防治条例》《规模畜禽养殖场污染防治最佳可行技术指南（试行）》等法规中，对养殖场废弃物的种类和处理要求等均有明确的界定。结合畜禽养殖生产的具体实践，可以依据养殖场废弃物的特殊性质及其处理要求进行分类。

1. 畜禽粪便和其他固体废弃物　畜禽粪便是畜禽消化代谢的直接排泄物，是畜禽养殖的基本废弃物来源。在养殖场生产实践中，与畜禽活动紧密相关的一些废弃物，如羽毛、皮屑、采食中废弃饲料、部分畜禽舍垫料等也应包括在粪便之中。因为这些废弃物一般会与粪便一起排出畜禽舍外，所以常常也是一并进行处理的。这类废弃物是我们进行研究治理的主要对象。

2. 废水　畜禽养殖场的废水包括畜禽生产和生活所产生的尿液、各种管理环节所形成的废水以及其他冲洗后的污水等。这些废水的特殊性质更在于它的污染性和复杂性。污染性是指有害成分多、病源可能性较大；复杂性是指来源复杂、治理难度大。废水与粪便是养殖场最大的废弃物来源，这两类废弃物也是最大的污染物来源，所以，必须经过严格处理，达到排放标准后才可以排出场外。

3. 病死畜禽、染疫畜禽及其排泄物、染疫畜禽产品　在规模化养殖场，由于各种原因造成个别畜禽的死亡是难免的。对于病死畜禽甚至一些可能的染疫畜禽及其排泄物、包装物等，都必须按照《病死动物无害化处理技术规范》等有关法律规定、处理程序和要求等进行严格消毒或销毁。因为这些废弃物是直接的病原体来源，必须严禁这些废弃物不经过任何处理而进入场外环境。

4. 臭味气体　养殖场的臭味气体主要来自畜禽粪尿、毛皮、饲料等含蛋白质废物的厌氧分解产生的氨气、二甲基硫醚、三甲胺和硫化氢等臭味气体。这些气体会造成一定区域的大气污染。随着养殖过程的优化、粪便处理的加强，乃至其他环境条件的改善，养殖环节可以大大减少臭味气体的产生。

5. 兽医诊治废弃物（动物医疗垃圾） 动物医疗垃圾是常常被养殖者忽视的一类废弃物。据国家卫生部门的医疗检测报告表明，由于医疗垃圾具有空间污染、急性传染和潜伏性污染等特征，其病毒、病菌的危害性是普通生活垃圾的几十、几百甚至千余倍。如果处理不当，将造成对环境的严重污染，也可能成为疫病流行的源头。可以想象，动物医疗垃圾也具有同样的情形，所以也应当引起足够的重视。

在养殖场中，还有一些废弃物也应归纳为此类。如动物分娩遗留物；人工授精处理垃圾；剪尾、断喙、阉割、修蹄子等生产管理环节的废弃物。这些也应当集中起来，参照动物医疗垃圾处置方法进行无害化处理。

畜禽养殖场的废弃物也有按照废弃物来源分类的，如分为畜禽粪便、恶臭气体、畜禽舍垫料、废饲料、散落的羽毛，清洗畜禽肌体、场地、畜舍和饲养器皿所产生的污水以及其他生产过程中产生的污水和恶臭物质。也有按照对环境的影响分类的，此不赘述。

二、畜禽养殖场废弃物的污染特点与危害分析

针对上述的养殖场废弃物种类分析，我们将重点研究畜禽粪便和其他固体废弃物以及养殖过程中废水的处理问题。其他生产和生活过程产生的废弃物因为数量较少，处理相对特殊，将在有关环节给予简单介绍。

（一）畜禽养殖场废弃物的污染特点

1. 产量巨大 据 2010 年 2 月 6 日发布的《第一次全国污染源普查公报》显示，畜禽养殖业的污染排放已经成为我国最重要的农业面源污染源之一，畜禽养殖业粪便产生量 2.43 亿吨，尿液产生量 1.63 亿吨。据估算，一头 60 千克的猪每天生产的粪尿量是同样体重的人排泄量的近 4 倍，如果以 BOD 来计算，则是同样体重的人排泄量的 10 倍。

就养殖场来说，畜禽粪便的产生量不仅与养殖种类有关，还与养殖方式有极大关系。表 7-1 和表 7-2 分别列举了不同畜禽粪尿排泄系数及不同养殖方式下的废水排泄量。

表 7-1 畜禽粪尿排泄系数

单位：千克/（头·天）、千克/（只·天）

畜禽种类	粪排泄系数范围	平均值	尿排泄系数范围	平均值
猪	2~5	3.5	3.3~5	4.15
肉牛、役牛	20~25	22.5	10~11.1	10.55
羊	1.3~2.66	1.98	0.43~0.62	0.53
蛋鸡	0.15	0.15	—	—
肉鸡	0.08	0.08		

选自：白明刚. 河北畜禽养殖业污染评价及对策研究 [D]. 石家庄：河北农业大学，2010：12-14。

表 7-2　畜禽养殖业废水排泄量参考范围

单位：千克/（头·天）、千克/（只·天）

项目	奶牛	肉牛	猪		蛋鸡			肉鸡
			水冲清粪	水泡清粪	干式清粪	水冲粪	干捡粪	
养殖废水	48	20	18~40	20~25	7.5~15	0.7	0.25	0.25

引自：程波. 畜禽养殖业规划环境影响评价方法与实践 [M]. 北京：中国农业出版社，2012：42。

据 FAO 网站报道："到 2050 年，在人类活动引起的温室气体排放量中，畜牧业占 14.5%，是自然资源的一大用户。"面对如此大的粪便产量，畜禽养殖场的粪便如果不进行科学化处理，不仅会造成资源的浪费，更会对水体、土壤、空气、人体和城市环境构成很大的威胁。从长远看，这不但影响畜牧业的可持续发展，甚至会影响人类的生活质量以及人类的健康。因此，必须加强畜禽养殖业的污染治理，促进畜牧业与环境保护的可持续发展。

2. 以面源污染为主　所谓面源污染就是指溶解态颗粒污染物从非特定地点，在非特定时间，经过降水和径流冲刷作用下，通过径流过程汇入河流、湖泊、水库、海洋等自然受纳水体，引起的水体污染。而畜禽粪便中包含有大量的 BOD、CODcr、NH_3-N、TP（总磷）、TN（总氮）等有机污染物，另外还含有大量病原体微生物和寄生虫卵。因为畜禽养殖区域的广泛性、种类的多样性、养殖水平的复杂性等特征，使得未经处理的粪便污染物就会随着地面径流或蓄粪池渗漏等污染地表水或地下水。这就是畜禽养殖废弃物（粪便为主）的面源性污染。

早在 1992 年，上海市环保局开展"黄浦江水环境综合整治研究"重大课题，对黄浦江上游的面源污染进行调查。结果表明，黄浦江流域畜禽粪便的 CODcr、BOD、TN、TP 的污染年负荷量分别是 68 555 吨、22 152 吨、34 115 吨和 3 132 吨，畜禽粪便造成的污染占黄浦江上游环境污染总负荷的 36%。

李莉等调查了丹江口库区近年来水源地污染的情况，研究结果表明，这几年丹江口水库湖北水源地 TN 和 TP 超标，尚达不到国家地表水Ⅱ类水质标准要求，有水体富营养化风险。TN 和 TP 超标的原因主要是农田面源污染、畜禽养殖废弃、农村生活废物废水、水土流失等引起的。特别强调了畜禽粪便多数没有经过处理就随意排放，造成氮、磷等有机污染物质流入库区，污染环境和水体。

国内外的实践证明，农业（畜牧业为主）的面源污染是环境治理的难点领域，对于我国目前农村特殊的背景，养殖业废弃物的治理任务十分艰巨。

3. 污染物成分复杂、浓度高　畜禽粪便比较其他垃圾和污染物而言可以说是一个超级混合物。它含有的成分十分复杂，诸如无机物、有机物、饲养过程的废弃饲料、治疗过程的药物成分（或排泄成分），还有更为复杂的病原菌和微生物。据统计，2000 年北京市规模化养殖场畜禽粪便总量为 600 万吨，废水排放量达 3 000 万吨，这些污染物的 CODcr 超标 50~60 倍，BOD 超标 70~80 倍，悬浮物（SS）超标 12~20 倍。2002 年国家环保总局对全国 23 个省（自治区、直辖市）规模化畜禽养殖业污染状况进行了调查，粪便中污染物平均值见表 7-3。

表7-3 全国各类集约化畜禽养殖场排放污水水质状况

畜禽种类	清粪方式	CODcr (毫克/升)	NH$_3$-N (毫克/升)	TN (毫克/升)	TP (毫克/升)	粪大肠杆菌 (亿个/升)
猪	干捡	2 640	261	370	43.5	
	水冲	21 600	5 900	8 050	1 270	
肉牛	干捡	8 870	22.1	41.4	5.33	≥2.40
奶牛	干捡	6 820	34.0	45.0	12.6	
蛋鸡	水冲	6 060	261	3 420	31.4	

引自：程波．畜禽养殖业规划环境影响评价方法与实践［M］．北京：中国农业出版社，2012：23。

吴建敏等对奶牛、猪、禽规模化养殖30个废水样品，分两次应用标准方法检测15个不同参数，来研究畜禽规模养殖废水污染因子的污染指数。综合结果认为，不同畜禽规模养殖废水的污染超标因子主要有总氮、氨氮、总磷、CODcr、铁、砷和锰等共性因子，而猪铜与牛汞则分别为其个性污染超标因子。不同畜禽污染超标因子大小排序为：猪氨氮＞总磷＞总氮＞砷＞铜＞CODcr＞铁＞锰；牛氨氮＞总氮＞铁＞CODcr＞总磷＞锰＞砷＞汞；禽总磷＞氨氮＞砷＞总氮＞CODcr＞铁＞锰。而且以猪的污染指标超标最大。

4. 处理难度大 就养殖场废弃物的处理，其难度主要表现在几个方面：第一是养殖效益与环保投资成本的关系非正相关，使得养殖企业不愿意进行大规模的投资；第二是没有足够的耕地和种植业消解大量畜禽粪便，特别是规模较大的养殖场消解压力更大；第三是粪便的发酵、无害化处理、乃至产业链深度经验等，既需要技术和人才，更需要全社会的认同和合作，这方面还需要一个过程。

（二）畜禽养殖场废弃物排放对环境的危害

畜禽养殖场废弃物的危害是不言而喻的。总结起来，可归纳下列几个方面。

1. 对水体的影响 规模化畜禽养殖场废弃物对水体的影响，主要体现在废弃物的面源污染特性上。养殖场除了产生大量粪便外，还有生产用水、冲洗畜禽舍地面产生的污水，其他粪污等被雨水淋洗所致的污水。这些都含有大量有机物质和微生物，甚至各种病原体。

孟祥海等采用大量数据分析得出，水体环境污染是我国畜牧业发展面临的首要环境约束因子。如不经有效处理而直接排放于环境或通过径流等进入地下水体，就必然改变水体的理化性质、微生物体系，直接影响水质，甚至直接影响人体健康。具体可以从以下三个方面说明。

（1）流失率高：畜禽粪便进入水体的流失率高达25%～30%，环保部南京环境科学研究所对畜禽粪便的研究认为，全国畜禽粪便污染进入水体的流失率，液体排泄物可能达到50%，如表7-4所列。

表 7-4　畜禽粪便污染物进入水体流失率

单位:%

项目	牛粪	猪粪	羊粪	家禽粪	牛猪粪
CODcr	6.16	5.58	5.50	8.59	50
BOD	4.87	6.14	6.70	6.78	50
NH_4^+-N	2.22	3.04	4.10	4.15	50
TP	5.50	5.25	5.20	8.42	50
TN	5.68	5.34	5.30	8.47	50

引自：朱杰、黄涛．畜禽养殖废水达标处理新工艺［M］．北京：化学工业出版社，2010：21-22。

据估计，畜禽粪便中氮、磷的流失量已经超过了化肥的流失量，约为化肥流失量的122%和132%。另外，畜禽粪便污水中还含抗生素、激素、农药、重金属等残留物，进入水体后将会在水生生物和鱼虾体内大量积累，由此再引起食物链的污染。

（2）水体的富营养化加剧：大量有机物进入水体后，有机物的分解将大量消耗水中的溶解氧，使水体发臭；废水中的大量悬浮物可使水体变为浑浊，降低水中藻类的光合作用，限制水生生物的正常活动。氮、磷可使水体富营养化，同时藻类漂浮在水面上遮蔽阳光，阻碍水中植物的光合作用，使水生植物和水中的鱼类缺氧和缺乏水草而死亡腐烂。死亡腐烂后又产生大量的硫化氢、氨、硫醇等恶臭物质，使水质发黑和变臭。

富营养化的结果还会使水体中硝酸盐、亚硝酸盐浓度过高，人和畜禽如果长期饮用会引起中毒。而一些有毒藻类的生长与大量繁殖会排放大量毒素在水体中，导致水生动物的大量死亡，从而严重地破坏了水体生态平衡。粪尿中的一些病菌、病毒等随水流动可能导致某些流行病的传播等，危害人畜健康。

（3）改变水体功能：由于畜禽养殖粪尿的淋溶性极强，可通过地表径流污染地表水，也可经过土壤渗入地下污染地下水，造成地表水和地下水的污染。水中氮、磷及有机质的大量增加，使水质恶化，硬度增高，同时也使得细菌总数超标，失去饮用价值和灌溉用价值，甚至危及周边生活用水水质，严重影响周围的生活环境。此外，氮挥发到大气中又会增加大气的氮含量，严重时造成酸雨，危害农作物。而且，畜禽废弃物污水中有毒、有害成分一旦进入地下水中，可使地下水溶解氧含量减少，水体中有毒成分增多，造成持久性的有机污染，使原有水体丧失使用功能，且极难治理和恢复。

2. 对土壤及作物的影响　畜禽粪便中含有作物生长所需的氮、磷、钾和有机质等养分，传统散养方式下的畜禽粪便还田不仅能提高农作物产量，还能起到改良土壤和培肥地力的作用，但过量施用会造成农作物减产与产品质量下降。研究表明，高氮施肥（纯氮138千克/公顷）条件下，作物体内积存大量氮素，导致其农艺性状变劣，水稻的空秕率增加6%，千粒重下降7.5%。集约化养殖场畜禽粪便排放量大且集中，由于缺乏足够的耕地承载，导致农牧脱节，粪污密度增大，若持续施用过量养分，土壤的贮存能力会迅速减弱，过剩养分将通过径流和下渗等方式进入河流或湖泊，造成水环境污染。废水中的大量有机物质在土壤中不断累积，也可导致一些病原菌大量孳生，引起农作物病虫害的发生。此外，大量有机物的积累也会使土壤呈强还原性，而强还原性的条件下不仅影响作物的根系生长，而且易使土壤中原本处于惰性状态的有害元素得到还原而释放；无机盐在土壤中大量积累则会引起作物的"盐害"。

有些饲料中的磷、铜、锌、砷等其他微量元素含量超标，这些超标微量元素的动物粪便将在土壤中形成"富集作用"，可造成土壤盐分和重金属的积累，过量重金属可引起植物生理功能紊乱、营养失调，使土壤 pH、盐分等发生变化，导致土壤孔隙堵塞，可造成土壤透气性、透水性下降及板结，土壤的结构和功能失调，肥力下降，严重影响土壤质量。此外，汞、砷元素还能减弱和抑制土壤中硝化、氨化细菌活动，影响氮素供应。潘霞等研究认为，猪粪、羊粪和鸡粪中最易造成土壤污染的是猪粪，其铜、锌和镉含量分别为 197.0 毫克/千克、947.0 毫克/千克和 1.35 毫克/千克，在设施菜地表层土壤抗生素含量为 39.5 微克/千克，积累和残留明显高于林地和果园，特别是四环素类和氟喹诺酮类，含量分别为 34.3 微克/千克和 4.75 微克/千克。

重金属污染物在土壤中移动性很小，不易随水淋滤，不被微生物降解，通过食物链进入人体后，潜在危害极大，所以应特别注意防止重金属对土壤的污染。

3. 对大气质量的污染 畜禽粪便对大气环境的污染主要表现为两个方面。第一是畜禽粪便成分本身的恶臭，第二是粪便排放的温室气体引发的所谓温室效应。畜禽养殖场的恶臭主要来源于畜禽粪便排出体外后，腐败分解所产生的硫化氢、氨、硫醇、苯酚、挥发性有机酸、吲哚、粪臭素、乙醇和乙醛等上百种有毒有害物质。现已鉴定出恶臭成分在牛粪尿中有 94 种，猪粪尿中 230 种，鸡粪尿中 150 种。

畜牧业温室气体排放主要来自畜禽饲养、粪便管理以及后续的加工、零售和运输阶段，其中畜禽饲养与粪便管理阶段直接排放的温室气体占主导地位。

恶臭气味可污染周围空气，危害饲养人员及周围居民身体健康，影响畜禽的正常生长发育，降低畜禽产品质量，也严重影响了城乡的空气质量。目前，我国 90% 的养殖场缺乏恶臭控制的系统设计，大部分为饲料添加剂和传统的草垫物理吸附法，后续恶臭处理技术还没有实际应用，效果较差。

4. 微生物污染 畜禽体内的微生物主要是通过消化道排出体外，通过养殖场废物的排放进入环境从而造成严重的微生物污染。如果对这些粪污不进行无害化处理，尤其是大量的有害病菌一旦进入环境，不仅会直接威胁畜禽自身的生存，还会严重危害人体健康。20 世纪 70 年代，日本曾用"畜产公害"表述畜禽养殖业的环境污染形势。在 1993 年，美国威斯康星州密尔沃基市的城市供水受到农场动物粪便原生寄生物的污染，引发了美国近代史上规模最大的突发性腹泻症，受感染者超过 40 万人。

5. 传播人畜共患病，直接危害人的健康 畜禽粪便及养殖场废弃物是人畜共患病的重要载体，而许多病原微生物在较长时间内又可以维持感染性。如禽流感病毒在 4℃ 的粪便中传染性可保持 30～35 天。如果不对畜禽粪便进行无害化处理，直接入田就会造成环境污染，传播诸多疾病严重危害人类健康。

6. 残留兽药的危害 在畜禽养殖过程中，为了防治畜禽的多发性疾病，常在饲料中添加抗生素和其他药物。大量研究表明，抗生素作为饲料添加剂使用，对养殖环境已造成了严重的负面效应。首先，使畜禽体内的耐药病原菌或变异病原菌不断产生并不断向环境中排放；其次，畜禽不断向环境中排放这些抗生素或其代谢产物，使环境中的耐药病原菌不断产生。这两者反过来又刺激生产者增加用药剂量、更新药物品种，这就造成了"药物环境污染→耐药或变异病原菌的产生→加大用药剂量→环境被进一步污染"的恶性循环。另外，畜禽产品中的各类药物残留进入环境后，也可能转化为环境激素或环境激素前体物，对人体产生"双向"毒副作用，且排出人体外的抗生素还会抑制或杀死大量有益菌群，影响生物降解，从而直接破坏生态平衡并威胁人类的身体健康。例如，近年来爆发的禽流感、猪流感等疾病，其传染源之一就是畜禽粪便等排泄物。

通过上述简单分析，可以清楚地的看到，畜禽养殖场产生的废弃物造成的危害是十分广泛而深远的，必须进行充分的处理，使其达到无害化排放，确保养殖业、农业以及外部环境的可持续发展。

第二节　畜禽养殖场废弃物无害化处理的原则、途径和标准

国家环保总局颁布了《畜禽养殖业污染物排放标准》（GB 18596—2001），并且从2003年1月1日起已经全面实施。对于养殖场内部所产生的各类废弃物的处理应当坚持的原则、技术方法和相应的标准等都有明确的规定。

2014年1月1日，《畜禽规模养殖污染防治条例》（以下简称条例）正式生效。这一条例是我国农村和农业环保领域第一部国家级行政法规，是生态文明制度建设尤其是农村和农业领域生态文明制度建设的重大进展，对推动畜禽养殖环境问题的解决、促进畜禽养殖业健康、可持续发展，具有十分深远的意义。

一、处理畜禽养殖场废弃物的基本原则

对于养殖场废弃物的处理不同于其他生产领域的废弃物处理，在实际生产实践中，基于清洁生产的基本原理，我们应当坚持如下几个方面的原则。

1. 资源化利用原则　在环境容量允许的条件下，利用适当的技术和方法使畜禽养殖场的废弃物，尤其是畜禽粪便最大限度地得到利用，最终实现无污染生产。虽然说现在规模化养殖场集中了大量废弃物（绝大多数是粪便），但它们也是另外的"资源"，即"有机肥"的天然资源。各养殖场应选择适当的处理方法，尽量提高畜禽粪便的利用率。例如采用发酵处理，可以生产优质肥料；实施沼气技术，不仅可以处理污水，还能提供一定的能量资源等。因此，在处理废弃物上要树立变废为宝的意识。

2. 减量化规避原则　所谓减量化就是积极提倡使用"分类处理、清污分流、干湿分离"等技术。即要求从养殖场生产工艺和管理环节上进行全面改进，采用需水量少的干清粪工艺，减少污染物的排放总量，降低污水中的污染物浓度，减少处理和利用的难度，以便降低处理成本。同时使固体粪污的肥效得以最大限度的保存和处理利用，为提高资源化水平创造条件。当然，在生产管理中，还要探索各类废弃物的减量化技术。

3. 无害化处理原则　因为粪便污水中含有大量的病原体，会给人体带来潜在的危害，特别是病死畜禽、医疗垃圾等。因此，在利用前、或者排出场外前必须按照相关规定经过无害化处理，减少和消除对环境和人畜健康的威胁。这个原则可以看做是畜禽养殖废弃物

处理的底线原则。

4. 生态化平衡原则 遵循生态学和生态经济学的原理，利用动物、植物、微生物之间的相互依存关系和现代技术，实行无废物和无污染生产体系，促进中国"种养平衡一体化的生态农业或有机农业"等生产体系的发展；促进种植业和畜牧业紧密结合，以农养牧、以牧促农，实现生态系统的良性循环，提高综合经济效益。

5. 廉价化适度原则 畜禽养殖业整体上是一个利润率不高，污染又相对严重的产业。其污染处理难度大、成本过高，往往会使养殖场的整体治理水平（包括治理技术的推广）受到限制。据测算，出栏一头生猪所产生的废弃物如果要做到达标排放，其处理费用在200元左右，这是多数养殖户不愿意也不容易承担的。只有通过科技进步，在资源化、减量化和无害化的前提下，研制高效、实用、特别是低廉成本的治理技术，才能真正实现畜禽养殖业的经济发展与环境保护的"双赢"，这是一条非常重要而现实的原则。因此，应当结合各地实际情况积极探索适合各个养殖场废弃物治理的具体方法，既不主张"一刀切"硬性规定，也不主张"高大上"技术推广。

6. 产业化经营原则 对于集约化或较大规模的养殖场，其废弃物的处理完全可以形成一个单独的产业环节，如生产有机发酵肥料、生物制品等。也可以在养殖场相对集中的区域对畜禽废弃物集中收集、集中处理，形成一个独立的产业。也可以通过吸引社会各界投资，在综合生态治理、循环利用资源、清洁生产管理等原则下，参与解决养殖场的污染，为社会提供可靠的绿色畜产食品。因此，要坚持社会效益、经济效益、环境效益、生态效益等最大化的经营理念。

二、畜禽养殖场废弃物处理的基本途径

从废弃物处理的基本原理出发，这些处理途径或手段可以归纳为四个方面：

（一）物理处理法

即采用一些物理技术产生的热能，来分解废弃物中的一些有机质和臭气物质，依此进行废弃物无害化处理的一系列方法。

1. 焚烧法 一般采用焚烧炉进行气化处理。如对"病死畜禽、染疫动物及其排泄物、染疫动物产品"的处理以及对"兽医医疗垃圾"的处理等，可用此方法。

2. 日光—风热干燥法 利用日光能量和热风能量蒸发粪便中的水分。此方法多适应于北方地区的粪便自然干燥；如在南方地区，为防止雨淋，需在粪便堆放处加盖塑料大棚。因为自然风干时间长，可能寄生大量的微生物，所以不宜在大型养殖场实施。

3. 高温快速干燥法 这是对于已经进行了固液分离的畜禽粪便进行的干燥和除臭技术。一般选用专门的滚筒式干燥机进行，利用煤、重油或高频微波能等能量。如鸡粪便（含水分70%~80%）经过数十秒500℃左右高温处理，即可达到干燥无臭无味状态（水分在18%以下）。该方法效率高，可以迅速去臭、灭菌，但成本较大，适合于较大规模养殖场。

4. 烘干膨化技术 即利用热处理再加机械膨化两重技术作用，使得粪便达到除臭、杀菌、除味的效果。对禽类粪便的饲料化利用，是一种很好的技术选择。此种方法目前只在部分场试验，但成本较大，不易于推广。

5. 压榨离心技术　即在粪便固液分离后进行的机械压榨或者利用离心机械等进行粪便脱水的方法。该方法成本也较大，而且不能够杀菌、除臭。

6. 紫外消毒技术　该方法是一种高能量的光粒子束，简称 UV，波长在 100～365 纳米，依据波长线划分为 A 波、B 波、C 波和真空 UV。实践证明，波长 260 纳米的紫外线可以杀灭污水中细菌、病毒和其他病原体，一般 UV 在 1～2 小时内就可以达到灭菌的效果。

（二）化学处理法

这是重要的无害化处理方法之一，针对畜禽粪便的污染性质，可以分为化学消毒法和化学除臭法。

1. 化学消毒法　即通过使用化学消毒剂来达到消毒的目的。按照消毒剂的形态分为液体、固体和气体消毒剂。按照效果分为高效消毒剂、中效消毒剂和低效消毒剂。高效消毒剂，如过氧化物类（双氧水、过氧乙酸、臭氧等）、醛类（甲醛、戊二醛）、环氧乙烷、含氯消毒剂等，主要杀灭微生物。中效消毒剂，如乙醇、醛类等，主要杀灭细菌、真菌和病毒，但一般难于杀灭细菌芽孢。低效消毒剂主要是杀灭一些细菌繁殖体、真菌和病毒，但对于结核杆菌、芽孢、部分真菌和病毒不具有杀灭作用。

化学消毒法操作简单、灵敏、处理面积大、杀灭细菌等效果较快，但也容易造成二次污染，需要认真按照消毒要求和程序进行。

2. 化学除臭法　就是通过一些化学物质，使得臭气物质进一步氧化，产生无臭物质的过程。例如，氨、硫化氢、吲哚、有机酸、有机含氮物质等在氧化条件下进一步分解和转化。再如，给污水通入臭氧，利用臭氧分解形成的氧原子去除臭味物质。目前这种处理方法的成本还是较高的，操作时还需要注意安全，实际生产应用还需要斟酌。

（三）生物处理法

利用微生物的特殊作用，对粪便中的有机质、臭气物质等进行有氧或厌氧发酵处理，以达到净化和无害化的目的。

1. 厌氧处理工艺　该方法对于畜禽养殖场高浓度的有机废水，不仅能去除大量可溶性有机物（去除率可达 85%～95%），而且可杀死传染病菌，有利于防疫。厌氧处理工艺可产生沼气、沼液、沼渣，是畜禽粪便等能够综合利用的重要手段。目前，厌氧处理工艺因其具有投资少、净化效果好、能源环境综合效益高等优点，已成为畜禽养殖场粪污处理工艺中重要的处理单元（或技术环节）。

2. 有氧处理工艺　就是利用自然界广泛存在的细菌、放线菌、真菌等微生物的发酵作用，促使废弃物中的有机质降解，从而得到稳定的腐殖质，达到无害化的目的。该工艺主要适用于处理干出粪或固液分离的粪便，如广泛实行的堆肥技术以及污水厌氧处理后的净化处理过程等。

（四）综合生态法

就是综合利用物理、化学和生物学方法，在生态化、环保化、清洁化、循环化的理念指导下，把养殖、有机肥料加工、污水处理等环节和外部种植环节有机结合起来，从而达到养殖场局部或相当区域的生态环境可持续发展的一类综合技术。这种做法需要相当区域的各类行业配合，更需要政府部门的统一规划和指导。

三、畜禽养殖场污染物排放标准

2014年1月1日正式实施的《畜禽规模养殖污染防治条例》第十三条明确指出，"畜禽养殖场、养殖小区应当根据养殖规模和污染防治需要，建设相应的畜禽粪便、污水与雨水分流设施，畜禽粪便、污水的贮存设施，粪污厌氧消化和堆沤、有机肥加工、制取沼气、沼渣沼液分离和输送、污水处理、畜禽尸体处理等综合利用和无害化处理设施"。规定基本涉及了养殖场所有可能造成污染的废弃物。

而在《畜禽养殖业污染物排放标准》（GB 18596—2001）中明确了集约化养殖场的各类污染物的处理要求和排放标准（详见参考表7-5、表7-6、表7-7）。

表7-5 集约化畜禽养殖业水污染物的最高允许日均排放浓度

控制项目	五日生化需氧量（毫克/升）	化学需氧量（毫克/升）	悬浮物（毫克/升）	氨氮（毫克/升）	总磷（以P计）（毫克/升）	粪大肠菌群数（个/100毫升）	蛔虫卵（个/升）
标准值	150	400	200	80	8.0	10 000	2.0

表7-6 畜禽养殖业废渣无害化环境标准

控制项目	指标
蛔虫卵	死亡率≥95%
粪大肠杆菌群数	≤10^5 个/千克

表7-7 集约化畜禽养殖业恶臭污染物排放标准

控制项目	标准值
臭气浓度（无量纲）	70

对于一般规模的养殖场，其排放的废弃物也应当参考上述指标体系执行。

第三节 畜禽养殖场废弃物的处理技术及其要求

尽管畜禽养殖场废弃物的处理方法和技术很多，但实际应用中效果却存在很大的差异。有的是技术本身使用有一定难度，有的是因为投资的成本较大，有的是因为与其他种养环节的脱节，常常运用不稳定，有的则是因为与外部环境难以协调，因此不能正常实施。所以，养殖废弃物的处理技术（路线）选择就是首要的问题。

在实际生产中，养殖场应首先对废弃物进行分类堆放和处置，从生产流程上理顺废弃物处理的环节和区域，然后再着重选择适合规模化养殖场实际需要的废弃物处理方法和技术。本节将按照养殖废弃物种类，重点介绍一些常见的处理技术及其要求。

一、畜禽粪便的处理

(一) 干出粪——自然日光 (风干) 处理技术

这是技术最简单、相对成本较低的一种自然处理方法。畜禽粪便经过人工或机械清理后，集中起来堆放于固定场地，让阳光和自然风进行干燥和综合发酵。经过一段时间 (10~20天) 后，粪便即可排出场外用于种植或进一步加工成有机肥料 (图7-1)。

本方法适用于小型养殖场，其周围的种植业耕地可以对畜禽粪便起到足够的消解作用。特别是对于相对贫瘠的山坡地的改良和有机质的提升具有很好的作用。当然，粪便晾晒时间较长，气味较大，所以养殖场应当选择在远离居民区或是一些偏远山沟里。本方法特别适用于养鸡场、舍饲羊场、小型的猪场和牛场等。

图7-1　养殖场外的粪便晾晒场地和附近的农田

(二) 人工堆肥技术

这种方法是在干出粪或者粪便固液分离处理后，对固体粪便的无害化处理技术。所谓堆肥，就是在人工控制下，在一定的温度、湿度、碳氮比以及适当通风的条件下，利用自然界广泛分布的细菌、放线菌、霉菌和真菌等微生物的作用，促使粪便降解，并向稳定的腐殖质生化转化的全过程。堆肥可以将粪便变成为很好的有机肥料，所以，也可以将此过程称为堆肥化技术。

就人工堆肥的具体技术过程而言，有很多方法。如按照堆肥过程的温度区间，可以分为中温发酵和高温发酵；如按照投入水平不同，可以分为自然露天堆肥和机械棚户堆肥；如按照发酵原理技术，还可以分为好氧发酵和厌氧发酵；如果按照使用机械手段和发酵量的不同，可以分为条垛式堆肥法、槽式堆肥法、翻堆塔堆肥法、袋装堆肥法等。

1. 发酵床技术　这是好氧发酵堆肥与日常养殖过程结合起来的一个新技术，曾经也叫新养殖技术。其实就是在养猪圈中加入土、糠皮、干草等垫料，既可以消解、吸收粪便，也可以减少猪的不适，在我国广大农村一直具有这个传统。但是，把垫料做成科学配方，细致地应用于养猪实践则是1992年在日本。当时鹿儿岛大学农学部附属农场召开了发酵床养殖技术的应用和推广观摩会，学校专家给大家介绍演示了发酵床技术。该技术是在一定的特征垫料基础上实行粪便的自然发酵，待到适当时机，粪便与垫料一起运出畜舍外，从而达到无害化处理和生态化养殖的双重效果。畜舍发酵床形式如图 7－2 所示。目前，在我国有很多推广应用。

发酵床技术的实质就是利用各类微生物的作用特点，使得养殖过程中产生的粪便在进入垫料后及时与微生物作用，微生物不仅可以分解粪便中有害的有机物质，还能够产生大量的菌丝体，可供猪只在拱翻垫料时采食，同时，这种过程中还产生了大量的发酵热，提高了垫料的温度，这又为猪提供了一个舒适保暖的环境。所以，发酵床又可以看作是一个动态的堆肥过程。

图 7－2　育肥猪舍内发酵床养殖图（左：模型图，右：实例图）

发酵床技术主要包括下列几个环节：

（1）垫料的制作。

①发酵床的组成：无污染的黄土＋垫料＋发酵的菌种。

②垫料主要组成（有两种选择）：A. 锯末＋稻壳；B. 锯末＋玉米秸秆。

③注意：玉米秸秆最好粉碎，坚决不能使用经防腐处理的板材下脚料生产的锯末。山区可以用树叶，也可以选用杂木进行锯末加工处理做成垫料。

（2）确定垫料厚度。

①育肥、后备猪、妊娠母猪、分娩母猪猪舍垫料层高度：冬天为 80 厘米，夏天为 60 厘米。

②乳猪、保育猪舍垫料层高度：冬天为 60 厘米，夏天为 40 厘米。

（根据夏冬季节不同、猪舍面积大小，以及所需的垫料厚度计算出所需要的谷壳、锯末、秸秆的使用数量）。

（3）物料堆积发酵（以 15～20 米^2 发酵床面积为例）。

第一步，先将 50 千克米糠或麸皮加入 1 千克固体发酵菌种（按照不同菌种的说明进行）均匀搅拌（加入米糠或者麸皮的量为 2～5 千克/米^2）。

第二步，将第一步搅拌均匀的菌种与 1 米^3 垫料（锯末＋稻壳）充分搅拌均匀。

第三步，将第二步搅拌好的垫料与 9 米^3 垫料充分混合搅拌均匀，在搅拌过程中喷洒水分，使垫料水分保持在 40%（其中水分多少是关键，一般 40% 比较合适，现场实践是用手抓垫料来判断，鉴别方法：手抓可成团，松手即散，指缝无水渗出）。

第四步，在圈舍内堆成梯形，用麻袋或稻草盖上，夏天 5～7 天，冬天 10～15 天即可

（有发酵的香味和蒸汽散出）。

第五步，将发酵好的垫料摊开铺平（40～60厘米厚度），再用预留的谷壳、锯末混合后，覆盖上面整平，厚度约5～10厘米，然后等待24小时后方可进猪。

第六步，发酵期间，每天测量发酵温度，并做好记录。从第二天开始在不同角度的三个点，约20厘米深处测量温度，温度可上升到40～50℃（注：第二天看垫料的初始温度是否上升到40～50℃，否则要查找原因，即查一查垫料有否加入防腐剂、杀虫剂，水分是否过高或其他不足造成的）。以后温度逐渐升高到60～70℃为止，则发酵成功，发酵时间夏天5～7天，冬天10～15天即可（有发酵的香味和蒸汽散出）。发酵一周后，如果温度还有上升、有臭味，这是因为水分过多，故再次调整水分，加入部分菌种发酵直至成功。

本方法应用的猪舍应当南北通透，采用自由采食、自主饮水的设计，同时，最好是在猪的培育阶段和育肥前期阶段使用。每间畜舍不超过25米^{2}最为合适。

（4）发酵床的日常管理。

第一，养殖密度适当：对于培育和育肥阶段的猪，一般以每头占地1.2～1.5米^{2}为宜。

第二，保持湿度适当：一般保持在60％左右，过湿则打开窗子通风，并翻搅垫层；过于干燥，则可以定期喷洒水或活性剂进行调节。

第三，对即将入住的猪进行必要的驱虫，防止寄生虫带入发酵床，引起重复感染。

第四，饲料投喂采取灵活的方式，为促使猪只充分运动、拱翻发酵床，饲喂量控制在80％；粪尿成堆时，可以挖坑掩埋。

第五，猪舍禁止使用化学药品和抗生素类药物，以免影响微生物活性。

第六，密切关注发酵床微生物的活性变化，及时补充微生物原液或营养液。每一批猪出栏时，要及时补充垫料和发酵微生物原液等。

实际生产中，可以通过观察猪的行为状态判断发酵床是否合适，如猪在圈中频繁跑动时，说明发酵过度，产热过多，猪不舒服；如表层垫料太干燥，就有大量灰尘出现，说明水分不够，应根据情况喷洒些水分；如猪浑身沾有粪便、泥土等，说明湿度太大，要即时翻晾、通风，便于猪只正常生长。

2. 条垛式堆肥技术　堆肥化处理畜禽粪便一般分为两个技术阶段。第一阶段是粪便的固液分离技术（干出粪便除外）；第二阶段是堆肥化技术。图7-3和图7-4分别显示了两种类型的条垛式堆肥技术。

（1）好氧堆肥的基本原理：这种堆肥方法就是在微生物利用氧气情况下，将大分子有机物分解为小分子有机物（如腐殖质），并且放出二氧化碳、氨、一氧化氮、水等小分子无机物及能量，同时利用部分分解物质合成有机体。这个过程大致可以分为三个阶段：

第一阶段，升温期。当堆肥开始时，粪便中的各种有害和无害的菌类等各类微生物，当温度和其他条件适宜时，开始繁殖，当温度升到25℃以上时，中温微生物进入旺盛的繁殖期，开始对有机物进行分解，经过20小时就能升到50℃。在升温期，优势菌种是芽孢菌和霉菌等的嗜好温热好氧微生物为主的菌类。它们能迅速分解粪便中的淀粉、糖类等易分解物质，同时不断地释放出热量，使得堆肥温度不断升高。

第二阶段，高温期。当堆肥温升高到 60~70℃时，堆肥进入高温期，这时高温细菌代替了常温细菌成为优势菌种，而且高温菌加速了粪便中的蛋白质、脂肪及复杂的碳水化合物如纤维素、半纤维素等的分解，腐殖质开始形成。当温度升高到 70℃以上时，大量的嗜热细菌死亡或进入休眠状态，在各种酶的作用下，有机质继续分解，热量会因微生物的死亡、酶的活动消退而逐渐降低。温度低于 70℃时，休眠的微生物又重新活跃起来并产生新的热量，经过几次反复保持 70℃的高温水平。在此期间粪便中的虫卵和病原菌因高温被杀死。

第三阶段，熟化期。当高温持续一段时间以后，易于分解或较易分解的有机物已大部分分解，剩下木质素等较难分解的有机物及新形成的腐殖质。这时微生物活动减弱、产热减少、温度下降，常温微生物又成为优势种，残余物进一步分解，腐殖质继续积累。

图 7-3 人工作业的条垛式堆肥图（左图是露天的，右图是有较大棚户的堆肥场）

图 7-4 机械作业的条剁式堆肥图（适宜于较大养殖场）

（2）堆肥技术的关键环节与调节技术

第一，调整 C/N 比。调整微生物生长需要的氮源和碳源比例。粪便中的 C/N 比太高会使微生物因缺乏足够的氮源而无法快速生长，使堆肥过程进展缓慢；C/N 比太低又会使微生物生长得太快，甚至出现局部的厌氧，从而散发出难闻的气味，同时大量的氮又以氨气形式放出，降低了堆肥的质量，违背了堆肥的意义。一般认为 C/N 比控制在 25～40 较好。畜禽的 C/N 比都较低，如鸡粪为 3～10、猪粪为 11～15、牛粪为 11～30。因此，应当在堆肥时添加一定数量的碳源，例如选择稻草、秸秆、木屑或稻壳等进行补充。

第二，调整含水率。堆肥的温度与含水量密切相关。一般认为含水率控制在 60% 左右较好。

第三，调整温度和通气。其实水分、温度、通气状态等均有相关性。对于堆肥而言温度应尽量控制在 65℃。通气的方法与具体的堆肥方式有关。在机械堆肥中，要求的强制通风量为 0.05～0.2 米³/分钟。人工操作要及时翻搅，依此维持发酵温度和水分的平衡，一般测试温度在 65℃时，即为翻搅时机。

第四，增加发酵剂。向堆肥中加入发酵剂（人工选择菌种）可以加速生物处理的速度，提高堆肥的质量。如添加 EM 菌、酵素菌、玉垒菌等，或在自然界中选择一些发酵好的腐熟菌肥添加，都可以加快发酵速度。

第五，调节 pH。由于微生物的种类繁多，那么选择一个微酸或中性的环境，对于发酵效果较为适宜。一般调节的 pH 在 6.5 左右即可。

（3）其他堆肥方法与技术特点：中国农业大学李季教授总结了目前各类堆肥技术，并进行了分类比较（表7-8）。在这些堆肥方法中，较为常用的方法主要是条垛式和槽式堆肥技术。

表7-8　养殖堆肥技术种类和技术特点

开放性	搅动	鼓风	堆肥类型	备注
开放	无搅动	不鼓风	传统堆肥	常用
		鼓风	静态堆肥	少用
	有搅动	不鼓风	条垛堆肥（自然通风）	常用
		鼓风	条垛堆肥（强力通风）	不常用
	物料流动方向	干预方式	堆肥类型	
封闭	水平	静态	隧道时堆肥	少用
		搅拌	搅拌槽式堆肥	常用
		翻转	转鼓式（DANO）堆肥	不常用
	垂直	搅拌	塔式堆肥	少用
		填充	筒仓式堆肥	少用

注：表中备注为编者所加。

图7-5 是槽式堆肥法的工作状态图。它与条垛式堆肥法的基本原理是一致的，有条件的养殖场可以设置这种效率较高的堆肥处理方法。特别是一些规模适当的养鸡场，分离出的干性粪便采取这种发酵技术较好。

图7-5 槽式堆肥法（显示堆肥槽、大棚及其专门的搅拌机械）

图7-6展示的是塔式（密闭）堆肥（反应器）技术。该技术的关键环节是垂直给料、鼓风搅拌发酵、臭气集中处理或排出。该技术有占地面积小、可以场外或室外建设、操作简便等优点，但也有一次投入大、实际生产量较小等不足。目前，在我国应用的不多。

图7-6 密闭堆肥技术与反应器（左图为该技术的其他配套环节，右图为反应器）

对于各类畜禽粪便还田，用于各类作物的生产，需按照 GB/T25246—2010《畜禽粪便还田技术规范》进行。

二、废水处理

养殖场的废水产量比较大，是处理的重点之一。特别是在猪场和奶牛场中，污水的处理量更大，处理的技术也较为复杂。这里主要介绍一些简单易行的处理技术和方法，各类规模养殖场可依据实际情况选择应用。

（一）自然蒸发法

就是在养殖场外不远处设置一个人工池塘（也称为化粪池），一般是把冲洗出粪后地面的污水，或者粪便固液分离后的污水排出场外的池塘中，利用阳光和空气使得水分自然蒸发，其他有机物质在阳光照射下自然氧化分解。该方法简单，成本较低，不需要其他设备投入。本方法适合于中小型养猪场。但该方法的实施需要满足几个条件和技术要求：

第一，养殖场必须远离居民区 1 000 千米以上，最好选择没有人居住的山沟地带或林区。养殖场和池塘还要远离河道、远离水源地。

第二，池塘的容积应当与每日排出的污水相适应。可用下列公式表示：

$$排出的污水＋（预计）雨水 ＝ 水分自然蒸发量$$

第三，池塘底部应作"固底处理"（如黏土或三合土夯实），防止渗水过快，影响到地下水质。

第四，池塘应设在养殖场的下风头，有条件的可以设置 2～3 级阶梯池塘，进行逐级沉淀和净化（如图 7 - 7 所示的阶梯形污水池塘）。

第五，经过一段时间，池塘的淤泥应当集中清理，或作为肥料直接应用。

图 7 - 7 可在丘陵和山区选择的养殖场之连续沉淀池

当然，该方法处理污水的时间较长，受天气等自然环境制约，需要一个较为宽敞的养殖区域，操作不当可能造成地下水的污染，养殖场规模也不宜太大。

（二）氧化塘法

氧化塘法，又称生物塘法，也叫生物稳定塘法。生物塘法的基本原理是通过水塘中的"藻菌共生系统"进行废水净化。污水进入塘内，首先受到塘水的稀释，污染物扩散到塘水中，从而降低污水中污染物的浓度，污染物中的部分悬浮物逐渐沉淀至塘底，成为污泥，这也使得污水污染物质浓度降低，随后，污水中溶解的有机物质在塘内大量繁殖的菌类、藻类、水生动物、水生植物的作用下逐渐分解，大分子物质转化为小分子物质，并被吸收进微生物体内，其中小部分被氧化分解，同时释放出相应的能量；另一部分可为微生物所利用，合成新的有机体。水塘中细菌分解养殖场排出的废水有机物，同时产生的二氧化碳、磷酸盐、铵盐等营养物供藻类生长，藻类光合作用产生的氧气又供细菌生长，从而构成共生系统（图 7 - 8）。在整个过程中，水分不断被蒸发，后续的污水则不断地补充。经过这种不断循环，污水中的有机质得到分解，臭气得到抑制和释放。

氧化塘法投资省、工艺简单、动力消耗少，但净化功能受自然条件的制约。对于养殖场来说，要远离村舍、远离水源地、远离河道，同时要防止雨水冲刷（应设有排洪渠道）。

图7-9、图7-10显示不同规模的自然氧化塘。

其实，依据塘内微生物的类型和供氧方式来划分，还可以分为几种不同类型的"氧化塘"，而且这些塘的处理效果大不相同（表7-9）。

对于氧化塘技术，实际应用中还应当注意几个问题：

第一，如果有条件，可以建立几个氧化塘的梯级结构，不仅可以及时清淤和管理，还可以达到较好地处理效果。同时可进行综合利用，如种植水生植物，养殖鱼、鸭、鹅等，形成多级食物网的复合生态系统。若使用得当，将会产生更明显的经济效益、环境效益和社会效益。

第二，在条件适合的地方，可以利用旧河道、河滩、沼泽、山谷及没有种植利用价值的荒地等建立氧化塘，节约建设成本和环境压力。

第三，好氧塘、兼氧塘都需要光能以供给藻类进行光合作用，适当的风速和风向有利于塘水的混合，提高污水物的去除。所以设计养殖场和氧化塘时，也应该考虑日照条件及风力等气候因素。

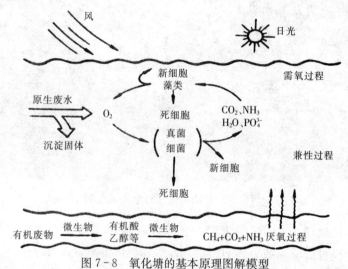

图7-8　氧化塘的基本原理图解模型

图7-9　养殖场外的氧化塘（污水沉淀池）

表7-9 各种类型的氧化塘的主要特征参数

名称	好氧塘	厌氧塘	兼性塘	曝气塘
水深（米）	0.5 左右	2.5～4	1～2.5	2～4.5
水力停留时间（天）	3～5	20～50	5～30	3～10
有机负荷率/［克 BOD_5/（米³·天）］	10～20	30～100	15～40	0.8～3.2
BOD_5 去除率（%）	80～95	50～80	70～90	75～85

引自：朱杰，黄涛．畜禽养殖废水达标处理新技术．北京：化学工业出版社，2010：36。

图7-10 国外某养殖场氧化塘以及周围大面积农田环境（下角图是粪液灌溉机）

（三）废水灌溉处理系统

利用畜禽养殖场排出的污水灌溉农田也是一种污水的自然生物处理法。它是利用污水在土壤中的自净过程，使得污水中的有机物质被土壤微生物分解，而水分和分解的物质被作物吸收。所以这种方法具有农业营养和污水处理的双重意义。但使用污水灌溉时要对实际灌溉水量和浓度进行分析和控制，这是进行灌溉的基本前提，否则污水会"烧死"作物、污染土壤和地下水。

本方法适用于养殖场外具有较大农田面积，而且这些地方容易形成灌溉网络、便于操控，特别是有全年作物种植的需要和保障。一般大田每亩每年的粪水施用量为 18 米³；大棚作物每亩每年的粪水施用量为 32 米³；每亩鱼池每年粪水施用未经处理的粪水为 30米³，厌氧处理后的沼液为 40 米³。有人估计，一个万头养猪场处理粪水所需大田面积约为 1 200 亩。因此，各类养殖场要依据当地实际，结合养殖场废弃物的数量进行污水处理的技术选择。

图7-11 展示了两种不同的污水灌溉技术。一个是固定的灌溉系统，由抽水泵和灌溉管路体系组成，该技术可以用管路调节污水与种植的需要关系；另一种是注入式或深埋式灌溉模式，拖拉机深耕土地并注入污水，该方法需要较大的设备以及污水装载或传输系

统，它不仅能施入基肥，还可防止水分蒸发，所以灌溉效果较好。

图 7-11 污水灌溉模式（左图是灌溉管道系统；右图是机动灌溉方法）

（四）人工湿地或人工绿地系统

人工湿地是模仿自然生态的湿地或绿地，经过人工设计而成的。就是由人工机制和生长在其上的水生植物、微生物共同组成的一个独特的"土壤—植物—水域—微生物生态系统"。在人工湿地污水处理系统中，起净化作用的是植物、基质和微生物。该系统可通过沉淀、吸附、阻隔、微生物同化分解、硝化、反硝化以及植物吸收等途径去除废水中的悬浮物、有机物、氮、磷及重金属等，来实现对污水的高度进化。基质是湿地中最为基础的物质，由砂和砾石构成碎石床，植物（常选用耐有机物污水的植物，如鸭舌草、菖蒲、芦苇、香蒲草、浮萍和马蹄莲等）栽种在沙石上，与砂石共同创造一个供微生物生长、繁殖的环境，在这个环境中产生的微生物可以将污水净化。

这种技术起源于 20 世纪 70 年代，由德国人首先建造成功。湿地面积可大可小。人工湿地有较好地处理效果（BOD_5 的去除率可达 $85\%\sim95\%$，COD 去除率可达 80% 以上，磷和氮的去除率也较高）。

尽管该方法具有投资少、能耗少、运行管理费用较低、去除效果较高的优点。但设计时还是要进行污水程度以及湿地净化容量的估算，否则会造成环境的污染。另外，该方法占地面积也相对较大，所以，不易于在城郊附近实施。针对现在新农村建设中进行的环境治理工程，可以把养殖业、种植业、环境保护，以及可能的湿地建设结合起来，形成一些区域性的、稳定性的生态系统。

图 7-12 是一个适合于农村的小型湿地模型图。污水的来源主要是养殖场经过干湿分离的废水，然后再经过沉淀和酸化处理，最后进入人工湿地。这里的人工湿地可以大也可以小，设计的主要依据是污水量和可用于湿地建设的外部条件。图 7-13 则是一个乡村背景的小湿地环境及人造湿地植被和管道系统。

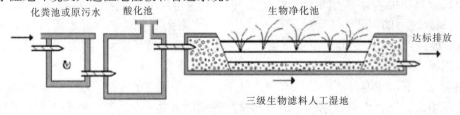

图 7-12 农村污水处理与小型湿地模型图

图 7-13 人造湿地和乡村环境的自然小湿地（选自网络）

（五）厌氧处理工艺

厌氧处理工艺就是厌氧生物滤池技术，就是装有填料的厌氧生物反应器（英文是 Anaerobic Filter，简写为 AF）。对于畜禽养殖场高浓度的有机废水，更需要运用厌氧处理工艺技术。它不仅能去除大量可溶性有机物（去除率可达 85%～95%），而且可杀死传染病菌，有利于防疫，这是上述一些自然方法不可替代的优势。厌氧处理工艺可产生沼气、沼液、沼渣，是畜禽养殖场粪便和污水得以综合利用的重要手段。综合分析，厌氧处理工艺相对投资少、净化效果好、能源环境综合效益高，目前已成为较大规模养殖场粪污处理中最重要的技术选择。

1. 厌氧化处理的基本原理 厌氧反应是一个非常复杂的有多种微生物共同作用的生化过程。M. P. Bryany（1979）根据对产甲烷菌和产氢产乙酸菌的研究结果，提出了三阶段基本理论。

第一阶段是水解发酵阶段。在该阶段，复杂的有机物在厌氧细菌胞外酶的作用下，首先被分解成简单的有机物，如纤维素经水解转化成较简单的糖类；蛋白质转化成较简单的氨基酸；脂类转化成脂肪酸和甘油等，参与这个阶段的水解发酵菌类主要是厌氧菌和兼性厌氧菌。第二阶段是产氢产乙酸阶段。在该阶段，产氢产乙酸的细菌把除乙酸、甲酸、甲醇以外的第一阶段产生的中间产物，如丙酸、丁酸等脂肪酸和醇类等转化成乙酸。第三阶段为产甲烷阶段，在此阶段中，产甲烷菌把第一阶段和第二阶段产生的乙酸、氢气和二氧化碳等转化为甲烷。

整个污水厌氧化处理过程需要一些特殊的设备系统，这些设备不同，对污水流程设计就不同，就有许多不同的处理效果。因此，这种方法也称为工业化处理法。

2. 厌氧反应器介绍 目前用于处理养殖场废水的厌氧工艺很多，其中较为常用的有：厌氧滤池（AF）、上流式厌氧污泥床反应器（UASB）、污泥床滤器（UBF）、两相厌氧消化法（TPAD）、升流式污泥床反应器（USR）等几种。

（1）厌氧滤池：厌氧滤池（Anaerobic filter），是一个内部填充有供微生物附着填料的厌氧反应器，填料浸没在水中，微生物附着在填料上，也有部分悬浮在填料的孔隙间。污水流入厌氧滤池，与滤料表面的微生物接触，污水中的有机污染物被微生物截留、吸附和分解，转化为沼气，净化后的水通过排水设备排至池外，所产生的沼气被收集利用。图 7-14 显示了两类形式的厌氧反应器。

从厌氧滤池的设计理念可以看出其优点有三方面：第一，不需要搅拌设备，操作费用较低；第二，消化器体积小，效率较高，能承受负荷的变化；第三，微生物固定在惰性介质上，使得 SRT（Sludge Retention Time，污泥停留时间，即曝气池微生物细胞的平均停留时间）较长，微生物浓度会较高，运转较稳定。

但是，惰性填料的费用较高（可高达总造价的 60%），如果采用的填料不当，在污水中悬浮物较高的情况下容易发生短路和堵塞；因微生物的积累增加了运转期的"压力降"，启动期通常较长。

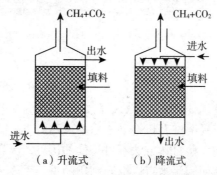

图 7-14　厌氧生物滤池两种水流形式

（2）上流式厌氧污泥床反应器（UASB）：上流式厌氧污泥床反应器（Upflow Anaerobic Sludge Blanket，UASB），是由荷兰 Wageningen 农业大学的教授 Lettinga 等人于 1972—1978 年间开发研制的一项污水厌氧处理新技术，并被应用于畜禽养殖场的废水处理中。1977 年在国外投入使用，1983 年北京市环境保护科学研究院与国内其他单位对此反应器进行了合作研究，并在有关技术指标上进行了改进，有机污水的 COD 去除率可达 80%～90%。

UASB 反应器结构如图 7-15 所示。一般由三个功能区组成，即底部的布水区、中部的污水反应区、顶部的气液固三相分离区（还包括沉淀区）。其中反应区为 UASB 反应器的工作主体。

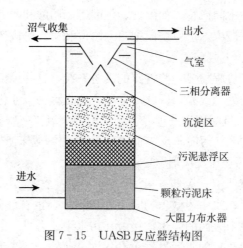

图 7-15　UASB 反应器结构图

（3）污泥床滤器（UBF）：污泥床滤器（UBF）是加拿大人 Guiot 在厌氧过滤器和

上流式厌氧污泥床的基础上开发的新型复合式厌氧流化床反应器。设计来自于 UASB 和 AF 的技术集合。UBF 具有很高的生物固体停留时间（SRT），并能有效降解有毒物质，是处理高浓度有机废水的一种有效的、经济的技术。UBF 的工作原理是经过预酸化处理的废水首先通过底部的布水系统进入到反应器的颗粒污泥区，进行 COD 的生化降解，此处的 COD 溶剂负荷非常高，可以降解大部分的 COD，并产生大量沼气，然后沼气、污泥和水的混合物进入填料层，被水和气泡夹带的污泥通过填料层时被截获，水和沼气则继续往上，通过三相分离器进行分离，而沼气会很好得到分离和进一步利用（图 7-16）。

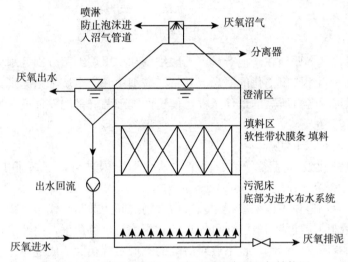

图 7-16　污泥床滤器（UBF）的基本原理与结构图

污泥床滤器优点主要有以下几方面：

①水流与产气方向一致，堵塞机会小，有利于进水同微生物充分接触，也有利于形成颗粒污泥。

②反应器上部的填料层既增加了生物总量，又可防止生物量的突然析出，还可加速污泥与气泡的分离，降低污泥流失。

③反应器积累微生物能力强，水停留时间短、产气率高、有机负荷高、COD 去除率高。

④启动速度快、处理效率高、运行稳定。

但污泥床滤器的不足就是填料价格昂贵，中小型养殖场一般要慎重选择。

（4）两相厌氧消化法（TPAD）：两相厌氧消化法（Two-phase Anaerobic Digestion，TPAD）有时也称两步或两段厌氧消化法（Two-step Anaerobic Digestion）。该方法是 20 世纪 70 年代初由美国人开发的厌氧处理新工艺，并于 1977 年在比利时首先应用于生产，随后引入我国。与其他的厌氧反应器不同的是，它并不着重于反应器结构的改造，而是着重于工艺的变革，由于其能承受较高的负荷率，反应容积较小，运行稳定，日益受到人们的重视，两相厌氧消化法的结构原理如图 7-17 所示。

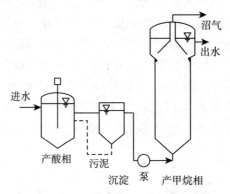

图 7-17　两相厌氧消化法结构原理

两相厌氧消化基本原理在于把产氢产乙酸细菌和产甲烷细菌分别区划为产酸相和产甲烷相，从而提出了两相厌氧消化的概念。并将产酸细菌和产甲烷细菌分别置于两个串联的反应器内，同时提供各自所需的最佳条件，使这两类细菌群都能发挥最大的活性，提高反应器的处理效率。

这种方法主要有以下优点：

①两相厌氧消化发酵过程分别在两个"消化器"内进行，缩短了工艺整体的水力（流）停留时间，提高了系统产气率和处理能力。

②两相分离后，避免了传统单相工艺中微生物之间的抑制和代谢产物对生物的抑制。

③由于产酸细菌缓冲能力较强，可提高产酸相的有机负荷率，而冲击负荷造成的酸积累不会对产酸相有明显的影响，也不会对后续的"产甲烷相"造成危害，能够预防传统单相厌氧消化中的酸败现象，即使出现后也易于调整和恢复。

在介绍的上述几种处理污水的技术中，重点论述了这些反应器的工作原理和主要特点。当然，这些技术过程都伴随着沼气的产生。利用好沼气，不仅是对清洁能源的开发和利用，更能除去粪便臭气，同时也优化了粪便污水中的固型有机物，使其变为优质肥料或有机肥料的制作原料。沼气应用技术已很普及，故此暂不论及。

（六）好氧处理系统

经过厌氧处理排出的水中 COD 的浓度和氨氮浓度仍然比较高，很难达到排放或再利用的标准，因此，通常以好氧处理对厌氧处理的排出水再做进一步的净化。

好氧处理的基本原理是利用好氧微生物在氧气充足条件下分解有机质，同时合成自身细胞，处理过程中生物降解的有机物最终可被完全氧化为简单的无机物。下面主要介绍一些技术的工作原理和特点。

1. 氧化沟　氧化沟也称为循环曝气池，是活性污泥法的一种变形，一般不设初沉池，且通常用延时曝气设施，其曝气池成密闭的环形沟渠性（这种环形沟渠可以是二级、三级等，氧化沟的称谓即来自于此）。氧化沟是 20 世纪 50 年代荷兰 Pasveer 首先设计的（图 7-18、图 7-19），其主要类型有克鲁塞尔型（Carrousel）、奥贝尔型（Orbal），交替式工作型、一体化氧化沟等结构形式。

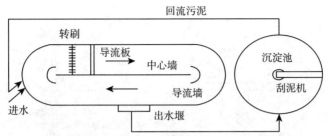

图 7 - 18 Orbal 氧化沟技术的原理示意图（选自网络）

图 7 - 19 Orbal 氧化沟技术的实际工作图

因为规模化畜禽养殖废水量大，有机物浓度高，而氧化沟的 BOD 负荷小、处理水量小，对畜禽养殖废水的处理具有一定的局限性。

2. 生物转盘法 生物转盘法（Rotating Biological Disk）是一种生物膜法废水处理技术，是目前处理污水最有效的手段之一。由水槽和部分浸没于污水中的旋转盘体组成的生物处理构筑物共同实现，图 7 - 20 是生物转盘的模型图，图 7 - 21 显示生物转盘技术的氧化原理。在生物盘运转过程中，盘体表面上生长的微生物膜（微生物附着在转盘上，形成一个膜，因其不停转动，故称为生物转盘）反复地接触槽中污水和空气中的氧，进而使污水获得净化（图 7 - 22 显示生物转盘的实际运行过程）。

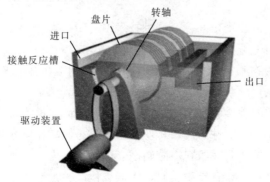

图 7 - 20 生物转盘的基本结构模型图

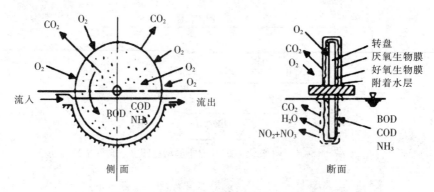

图 7-21 生物转盘技术的氧化原理简图

图 7-22 生物转盘的实际运行图（显示两个转盘在工作）

生物转盘的表面约有 40％是浸没在反应槽内的污水中，其余则直接与空气接触。转盘在缓慢转动中既不断吸附有机物质，又不断吸收氧气，这样生物氧化的过程就得以持续进行。生物转盘的盘片可以由质地轻巧、强度高、耐腐蚀的聚氯乙烯、聚酯玻璃钢等材料制成。

当然，由于整体造价和维护问题，这种技术多适应于大中型养殖场。

3. 生物接触氧化法 生物接触氧化法（Biological Contact Oxidation Process）净化废水的基本原理与一般生物膜法相同，就是以生物膜吸附废水中的有机物，在有氧的条件下，有机物由微生物氧化分解，使废水得到净化。

生物接触氧化池内的生物膜由菌胶团、丝状菌、真菌、原生动物和后生动物组成。对于厌氧性处理方法，在有氧活性污泥中，丝状菌常常是影响正常生物净化作用的因素；而在生物接触氧化池中，丝状菌在填料空隙间呈立体结构，大大增加了生物相与废水的接触表面，同时因为丝状菌对多数有机物具有较强的氧化能力，对水质负荷变化有较大的适应性，所以是提高净化能力的有利因素。

生物接触氧化法最早始于 20 世纪 60 年代，为生物滤池与活性污泥的组合工艺，在传统活性污泥的基础上增加填料载体，以供微生物栖息，采用与曝气池相同的曝气方法提供微生物所需的氧量，并起到搅拌与混合的作用，因此，又称为接触曝气法。

图 7-23 展示了流动床生物膜氧化法（MBBR）的工作原理，以及用于放入池中的塑料填料，这些填料大大增加了微生物附着的面积。在反应器内经过压缩空气的充氧，由于填料密度接近于水，所以在曝气的时候，与水呈完全混合状态，这样微生物就生长在"气、液、固"三相环境中。同时每个载体内外均具有不同的生物种类，内部生长一些厌氧菌或兼氧菌，外部为好养菌，这样每个载体都为一个微型反应器，使硝化反应和反硝化反应同时存在，从而提高了处理效果。流动床的氧化时间一般为 2～12 天。当然，这种流动床还可以几个连接起来，组成一个梯级反应器，效果会更好。

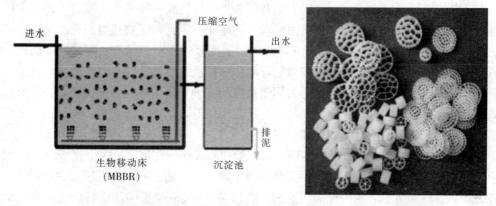

图 7-23　流动床生物膜法原理图（右图是生物移动床中的各类塑料填料）

该方法具有体积负荷高，处理时间短，生物活性高，微生物浓度高，污泥产量低，且不用回流，出水水质好，耗能也较低等特点，一般可以供大中型养殖场选用。

图 7-24 展示的是间歇式活性污泥法（Sequencing Batch Reactor SBR）工艺模型图。该方法也称序批活性污泥法。图 7-25 是 SBR 的实际反应池（包括反应池内的固定式填料）。

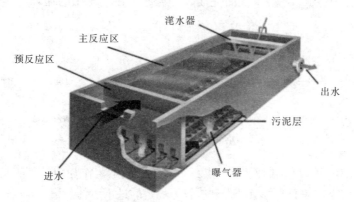

图 7-24　间歇式活性污泥法（Sequencing Batch Reactor SBR）工艺模型图

图 7-25 （序批）淹没式生物膜法处理池（SBR）

当污水从填料表面流过，在填料表面会逐渐生长生物膜，这种生物膜对于污水中的污染物质具有吸附、代谢的功能，从而使出水得到净化。因此，生物接触氧化法又称为"淹没式滤池""淹没式生物膜法"等。SBR 采用限制性曝气，在时间上实现顺序的厌氧、好氧的交替组合，可以达到脱氮除磷的目的，故称序批活性污泥法。具有集约化、初沉、生物降解、二沉等功能于一池，且无污泥回流系统的一种处理工艺。一般能有效去除有机污染物，工艺流出简单，占地较少，投资运营的费用较低，出水水质较好，尤其适用于间歇排放和流量变化较大的场合（如养殖场等）。

4. A/O 工艺　A/O 就是缺氧和好氧（即 Anoxia/Oxic 的缩写）两个技术环节的偶合技术。它的优越性是除了使得有机污染物得到降解之外，还具有一定的脱氮除磷功能。它是将厌氧水解技术用于活性污泥的前处理，所以 A/O 法是改进的活性污泥法。在缺氧段（A 段）异养菌将废水中的淀粉、维生素、碳水化合物等悬浮污染物和可溶性有机物水解为有机酸，使大分子有机物分解为小分子有机物。使不溶性的有机物转化为可溶性的有机物。当这些缺氧水解的产物进入好氧池（O 段）进行好氧处理时，提高了废水被氧化的效率。在缺氧段异养菌将蛋白质、脂肪等污染物进行氨化（有机链上的氮或氨基酸中的氨基）游离出氨（NH_3/NH_4^+），在充足供氧条件下，自养菌的硝化作用又将（NH_3/NH_4^+）氧化为 NO_3^-。再通过回流控制返回至缺氧池；在缺氧的环境下，异养细菌的反硝化作用将 NO_3^- 还原为分子态氮（N_2），从而完成碳、氮、氧在生态中的循环，实现污水无害化处理（图 7-26）。

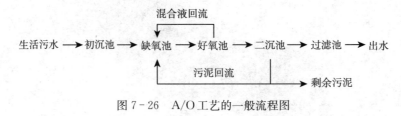

图 7-26　A/O 工艺的一般流程图

A/O 工艺的优点可以总结为以下几点：第一，厌氧工艺作为前处理工艺，可对进水负荷的变化起缓冲作用，从而为好氧处理创造较为稳定的进水条件。第二，厌氧阶段能去除废水中大量的悬浮物和有机物，使后面的好氧工艺有机负荷减少，污泥量可有效降低，使整个工艺的设备容量小得多，从而节省整个工艺的运行费用。在此组合工艺中，好氧处理过程对厌氧（水解）代谢物的降解也有效地推动了有机物厌氧（水解）处理过程的进行。

选择哪种污水处理方法应当综合分析各个方法的优缺点，结合本方法的投资以及养殖场的污水产量和性质，尽可能选择不同方法的组合处理技术为好。

（七）畜禽养殖废水综合处理技术系统

前面几节，我们主要列举的是针对养殖业可以选择的一些污水处理技术。其实，不论哪种技术都有相应的技术要求和环境条件。针对我们目前养殖场粪便与污水处理的实践，多是采取不同技术的结合，充分利用各技术的优点，提高整体粪便污水处理的水平。

譬如，自然生物处理法，其 COD、BOD_5、SS、N、P 去除率较高，可达到排放标准，且成本低，但占地面积大，周期太长，使其在土地紧缺的地方难以推广利用。厌氧生物法可处理高浓度有机质的污水，自身耗能少，运行费用低，且产生能源，但高浓度有机污水经厌氧处理后，往往水中的 BOD_5 浓度依然很高（大于 $500 \sim 1\,000$ 毫克/升），难以达到现行的排放标准，处理后的废水由于含 H_2S 等仍具有一定的臭味。活性污泥等好氧处理法，其 COD、BOD_5、SS 去除率较高，可达到排放标准，但氮、磷去除率低，处理时间长，工程投资大，运行费用高。A/O 方式的联合处理，即克服了好氧处理能耗大、不耐冲击负荷及土地面积紧缺的不足，又克服了厌氧处理达不到排放要求的缺陷，具有投资少，运行费用低，净化效果好，能源环境综合效益高等优点，特别适合产生高浓度有机废水的畜禽场的废水处理。

依据前面的分析，我们要统筹物理的、化学的或者生物的处理方法，把粪便的固液分离、厌氧发酵、有氧分解、废水灌溉乃至废水综合利用等基本技术原理结合起来进行。下列几组框图，展示几种养殖场粪便污水综合处理的基本思路和技术选择，仅供参考。

（1）简易厌氧污水处理方法：该系统方法适合于中小型养殖场，粪便的处理可以采取人工干出粪的办法，那么冲洗和一般养殖场污水即可按照上述流出处理。厌氧反应器可以选择中小型的沼气技术，沼液经过沉淀后，可以灌溉，也可以排入氧化塘继续自然净化，待达到排放标准即可排出。

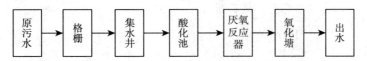

（2）固液分离与还田处理方法：该系统方法适合于中型养殖场，而且必须具有畜禽粪便和污水等的固液分离车间。特别是对于水冲方法出粪的养猪场（包括奶牛场），大量的粪便应当采取机械方法进行固液分离处理，得到的固体粪便可选用前文中提到的堆肥方法；含有大量有机、无机物质的污水则可以进行农田灌溉。当然，有足够的农田为最好，适当的外运灌溉也可以选择。

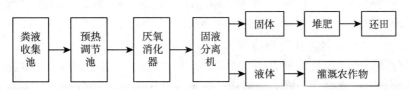

（3）固液分离兼顾 UASB 处理方法：该系统方法适合于大中型养殖场，UASB 环节是其中最为关键的技术选择。当然，该环节还可以选择其他类似的方法，甚至采用 A/O 结合的方法。该系统是多种技术方法联合运用，所以，整个管理成本以及技术运转需要进行全面考虑。氧化塘净化的水，如果用于猪场冲洗，则必须保障没有疫病污染的危险（消毒处理要彻底、安全），否则，不允许这种流出养殖场的污水回流使用的现象。

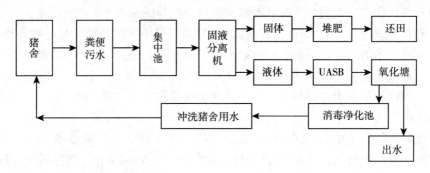

三、病死畜禽、染疫动物及其排泄物、染疫动物产品的处理

病死畜禽、染疫动物及其排泄物、染疫动物产品，这三大类废弃物是养殖场中潜在危险最大、处理要求最为严格的废弃物。为此，2013 年 10 月 15 日农业部公布了《病死动物无害化处理技术规范》的通知。该《规范》主要依据的法规和技术标准如下：

《中华人民共和国动物防疫法》（2007 年主席令第 71 号）；

《动物防疫条件审查办法》（农业部令 2010 年第 7 号）；

《病死及死因不明动物处置办法（试行）》（农医发〔2005〕25 号）；

GB 16548 病害动物和病害动物产品生物安全处理规程；

GB 19217 医疗废物转运车技术要求（试行）；

GB 18484 危险废物焚烧污染控制标准；

GB 18597 危险废物贮存污染控制标准；

GB 16297 大气污染物综合排放标准；

GB 14554 恶臭污染物排放标准；

GB 8978 污水综合排放标准；

GB 5085.3 危险废物鉴别标准；

GB/T 16569 畜禽产品消毒规范；

GB 19218 医疗废物焚烧炉技术要求（试行）；

GB/T 19923 城市污水再生利用 工业用水水质。

特别注意：当上述标准和文件被修订时，应使用其最新版本。这些法规已经明确规定了可能的废弃物处理的技术要求、方法、标准以及有关授权等。为了便于学习、简明指导，我们简要介绍几种废弃物处理的方法和要求。

1. 焚烧法 焚烧法是指在焚烧容器内，将动物尸体及相关动物产品在富氧或无氧条件下进行氧化反应或热解反应的方法（图 7 - 27）。将动物尸体及相关动物产品或破碎产物，投至焚烧炉本体燃烧室，经充分氧化、热解，产生的高温烟气进入二燃室继续燃烧，产生的炉渣经出渣机排出。燃烧室温度应≥850℃。二燃室出口烟气需经余热利用系统、烟气净化系统处理后达标排放。焚烧炉渣与除尘设备收集的焚烧飞灰应分别收集、贮存和运输。焚烧炉渣按照有关规定再处理。这种方法特别适用于中小型养殖场，投资少，操作简单。

图 7-27　动物尸体焚烧炉

（选自河北至清宇泰环保公司）

2. 化制法　化制法是指在密闭的高压容器内，通过向容器夹层或容器内通入高温饱和蒸汽，在干热、压力或高温、压力的作用下，处理动物尸体及相关动物产品的方法。

图 7-28　动物尸体化制法实际生产情况

（选自网络）

图 7-28 显示实际进行动物尸体化制法的一个景象。根据处理结果不同可以分为干化法和湿化法。干化法的基本操作要点如下：

①可视情况对动物尸体及相关动物产品进行破碎预处理。

②动物尸体及相关动物产品或破碎产物输送入高温高压容器。

③处理物中心温度≥140℃，压力≥0.5兆帕（绝对压力），时间≥4小时（具体处理时间随需处理动物尸体及相关动物产品或破碎产物种类和体积大小而设定）。

④加热烘干产生的热蒸汽经废气处理系统后排出。

⑤加热烘干产生的动物尸体残渣传输至压榨系统处理。

湿化法的要点与干化法基本相同。但其处理物中心温度要≥135℃，压力≥0.3兆帕（绝对压力），处理时间≥30分钟（具体处理时间随需处理动物尸体及相关动物产品或破碎产物种类和体积大小而设定）。在高温高压结束后，对处理物进行初次固液分离。固体物经破碎处理后，送入烘干系统；液体部分送入油水分离系统处理。

这种处理方法适合较大型养殖场，而且处理后的残渣可以作为饲料、肥料或其他工业原料。

3. 掩埋法　掩埋法是指按照相关规定，将动物尸体及相关动物产品投入化尸窖或掩埋坑中覆盖、消毒、发酵并使其分解的方法。

化尸窖或掩埋坑应选择地势高燥，处于下风向的地点。同时，应远离动物饲养厂（饲养小区）、动物屠宰加工场所、动物隔离场所、生活饮用水源地等。还应远离城镇居民区、文化教育科研等人口集中区域、主要河流及公路和铁路等主要交通干线。化尸窖或掩埋坑体容积，应以实际处理动物尸体及相关动物产品数量确定。掩埋坑底应高出地下水位 1.5 米以上，要防渗、防漏。坑底洒一层厚度为 2～5 厘米的生石灰或漂白粉等消毒药。将动物尸体及相关动物产品投入坑内，最上层距离地表 1.5 米以上。撒生石灰或漂白粉等消毒药消毒。再覆盖距地表 20～30 厘米、厚度不少于 1～1.2 米的覆土。

掩埋后，在掩埋处设置警示标志。第一周内应每日巡查 1 次，第二周起应每周巡查 1 次，连续巡查 3 个月，掩埋坑塌陷处应及时加盖覆土。在掩埋后，立即用氯制剂、漂白粉或生石灰等消毒药对掩埋场所进行 1 次彻底消毒。第一周内应每日消毒 1 次，第二周起应每周消毒 1 次，连续消毒三周以上。

化尸窖要严密封闭，没有到化尸结束时间不得打开。结束后，应当对残留物进行清理，清理出的残留物进行焚烧或者掩埋处理，化尸窖进行彻底消毒后，方可重新启用。

这种方法一般适合于集中处理或临时应急处理病死动物尸体等情况。养殖场一般不宜选择本方法。

4. 发酵法　发酵法是指将动物尸体及相关动物产品与稻糠、木屑等辅料按要求摆放，利用动物尸体及相关动物产品产生的生物热或加入特定生物制剂，发酵或分解动物尸体及相关动物产品的方法。

发酵堆体的结构形式主要分为条垛式和发酵池式。处理前，在指定场地或发酵池底铺设 20 厘米厚辅料。辅料上平铺动物尸体或相关动物产品，厚度≤20 厘米，确保动物尸体或相关动物产品全部被覆盖。堆体的厚度随需处理动物尸体和相关动物产品数量而定，一般控制在 2～3 米。堆肥发酵堆的内部温度≥54℃，一周后要翻堆，3 周后完成。辅料为稻糠、木屑、秸秆、玉米芯等混合物，或为在稻糠、木屑等混合物中加入特定生物制剂预发酵后产物。发酵过程中，应做好防雨措施。条垛式堆肥发酵应选择平整、防渗地面。

因重大动物疫病及人畜共患病死亡的动物尸体和相关动物产品不得使用此种方式进行处理。中小型养殖场一般不宜选择本方法。

四、兽医诊治废弃物（动物医疗垃圾）的处理

在养殖场内部，进行动物疫病的诊治是经常性的工作，产生的医疗垃圾也是不少的。那么如何处理这些医疗垃圾呢？这个问题在一般养殖场往往被轻视。

对于动物医疗垃圾的处理应当遵守"医疗废物焚烧炉技术要求"（GB 19218—2003 试行）。其中的处理技术基本符合"病死畜禽、染疫动物及其排泄物、染疫动物产品的处理"的原则。这里首先推介焚烧法。在"病死动物无害化处理技术规范"中已有叙述，这里不进行详细说明。使用者可以查询有关规定和要求。

养殖场的动物医疗垃圾包括如下几种来源：

①临床感染性废物，包括畜禽手术或尸解后的废物（如组织、受污染材料和仪器等）以及被血液或畜禽液污染的废弃医疗材料、废弃医疗仪器以及其他废物（如废敷料、废医用手套、废注射器、废输液器、废输血器等）。

②传染病房产生的所有废物（如排泄物、废敷料、生活垃圾以及畜禽接触过的任何其他废设备、废材料）。

③医疗过程产生的废弃锋利物（包括废针头、废皮下注射针、废解剖刀、废手术刀、废输液器、废弃手术锯、碎玻璃等）。

④兽医院废水处理产生的污泥。

⑤过期的药物性和化学性废物。

⑥家畜配种、分娩的废弃物（为便于分类处理，此种废弃物归入诊疗废弃物较为合适，处理方法与该类其他几种方法一致）。

五、生活污水与其他固形物垃圾的处理

养殖场内部需要处理的废弃物除了上述的几类外，还有日常生活和管理过程中产生的其他垃圾，一般包括生活污水和其他固形物垃圾。而生活污水一般会与生产污水直接分流处理并排出场外。如果生活污水与养殖过程有交集（主要是动物活动的影响），则必须进行无害化处理。而固形物垃圾可以进行堆肥化处理，也可以进行其他的无害化处理（如焚烧、发酵等），具体的方法可以参考前面的有关内容。总之，养殖场内部产生的各类废弃物都应当进行适当的处理，不能对外界环境造成潜在威胁。

六、养殖场废弃物处理的基本途径和方向

从宏观上讲，养殖场粪便及污水处理可以有四大途径和方向。

第一，种养结合。这是最简单、最直接的途径。但是，要实现这种途径需要满足两种基本条件：一是养殖畜禽的种类和数量应当与当地农林用地面积基本相适应（常年性适应，即不超过最大承载力）；二是种养双方具有长期、稳定的供需关系。要保障种养结合的持续发展，就不能盲目扩大养殖的规模，另外，还要经常监测土壤的质量，随时做出调整。在广大农村，如果有足够的人力资源，种养结合的发展方向才是养殖废弃物处理成本最小、生态效益最大的选择。

第二，循环利用。图 7-29 概括了养殖废弃物的处理流程及其有关技术的应用。该图

显示了产生污水、干出粪、固液分离、污水处理液回流及再次利用的组合性技术选择等。结合前文的论述，在该处理工艺流程以及各个环节上还可以选择其他具体的处理技术。需要说明的是，尽管这种方法是为了减少总体的废弃物排放，但如果污水处理和消毒不彻底时，建议不要回流场内再利用，否则风险太大。

第三，集中处理。这种技术途径应当说更适合当前我国农村养殖业粪污处理的实际需要。因为过去一些养殖场没有进行粪污处理的设施建设，而且多是中小规模的养殖场。那么采取统一规划、集中收集、集中处理、达标排放的合作方式是一种不错的选择。养殖场负担一定的排污处理费用，粪污处理企业则可以扩大规模多产多收。当然，如果有政府的统一规划、组织和适当补贴，对于迅速改变我国养殖产业的环境污染问题无疑是一大利好。

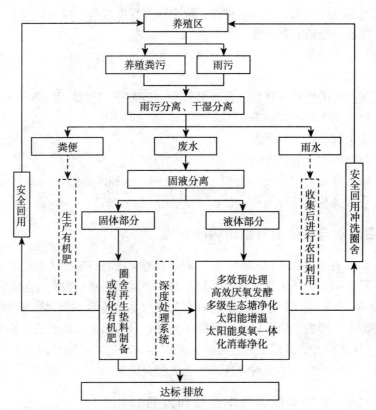

图 7-29　某养殖场粪污处理体系及有关技术选择图

（选自陶秀萍）

第四，达标排放。就是按照国家有关规定，对排出养殖场的各类废弃物的处理达到排放标准即可，或者说，就养殖场而言排出到场外环境的所有废弃物是"合格的"。所以达标排放应是一个刚性原则。

第八章 畜牧业清洁生产的评价体系

在畜牧业生产中，积极推进清洁生产技术，贯彻清洁生产理念是一项系统工程，需要养殖企业和行业管理者的高度重视。要全面衡量一个养殖企业、甚至一个地区的清洁生产水平以及推行清洁生产的实际效益，就需要进行科学的评价。通过系统科学的评价，分析技术应用的水平，理清各自的责任，权衡清洁生产应用的前景，突出养殖对象的特殊性，进而制定符合行业管理特点的评价体系。

第一节 畜牧业清洁生产的评价背景与目标

一、畜牧业清洁生产评价是行业健康发展的客观要求

近年来，我国畜牧业得到了迅猛的发展，不仅是养殖总量的增加，规模化的趋势也越来越显著。但是，畜禽粪便、污水、恶臭气体以及其他养殖废弃物也迅速增加，这些已是公认的事实。同样，清洁生产技术推广成本与养殖利润低和风险高之间的矛盾、环境治理设施的运行与从业人员素质低的矛盾、粪便肥料化与种养脱节的矛盾等也是现实问题。

在《中华人民共和国环境保护法》（2015年1月1日实施）、《畜禽规模养殖污染防治条例》（2014年1月1日实施）、《水污染的防治行动计划》（2015年4月16日印发）几部法规严格实施的大背景下，2016年中央1号文件又明确提出要"根据环境容量调整区域养殖布局，优化畜禽养殖结构"，特别是2016年以来许多省市启动了"生猪禁养区和限养区"等极端强制性措施，希冀达到农业生态环境恶化趋势总体上遏制的效果。

因此，如何判定一个养殖场的生产水平，尤其是分析对环境的现实污染或潜在的污染情况，就需要进行必要的科学评估。要依据畜牧业清洁生产的理论和基本技术要求来衡量养殖场的生产情况，特别是对一个区域的养殖业水平乃至对一个区域养殖环境的可持续发展潜力给予程序性的评价和审核，这是保持养殖健康发展和生态环境可持续发展的客观要求。

二、规模化养殖场应当成为基本评价和审核的主体对象

《清洁生产促进法》的第二十六条就规定："企业应当在经济技术可行的条件下对生产和服务过程中产生的废物余热等自行回收利用或者转让给有条件的其他企业和个人利用。"在第二十八条中还规定"污染物排放超过国家和地方的排放标准或者超过经有关地方人民政府核定的污染物排放总量控制指标的企业，应当实施清洁生产审核"。可见，作为养殖企业，无论是一般技术应用评价，还是政府（或委托机构）的审核等都必须是"主体对象"。

养殖业涉及面广，影响的因素较多，也较难于控制。只有以每个养殖场（企业）为评价和审核的基本单元，才能在生产技术的推广上找到结合点，才能按照生产工艺全流程进

行细节分析，并做出客观的评价。当然，对于一些拟规划建设的养殖场，特别是我们建议强制性审核评估的规模化、集约化类型养殖场（企业），在设计建设前期也可以申请进行清洁生产评估或者模拟的环境评估。这样可以避免将来生产中可能出现的环境治理困境。

三、养殖场区域环境承载力是评价和审核的基本指标

环境承载力公认的概念是：在一定时期，一定的状态和条件下，一定的区域范围内，在维持区域环境系统结构不发生质的变化，环境功能不受破坏的前提下，区域环境系统所能承载的人类各种社会经济活动的能力，或者说是区域环境对人类社会发展的支付能力。

这里，"一定的状态和条件下"是指现实或拟定的环境结构不发生明显的不利于人类生存方向改变的前提条件。"能承受"是指不影响环境系统正常功能的发挥。

另外，高吉喜提出生态承载力的概念。即生态系统的自我维持、自我调节能力，资源与环境子系统的供给能力及其可持续的社会经济活动强度和具有一定生活水平的人口数量。可以看出生态承载力实际反映的人与生态系统的和谐、互动及共生关系，强调的是系统的承载功能，突出的是资源、环境对人类活动的承载能力。这个承载力显然应当描述的是该环境条件下人类活动的一个极限值，是一条红线。该概念中也隐含着人类经济活动水平——生活水平的影响，说明人类活动会与环境产生联动效应。如果人类经济活动范围和强度增强，那么，环境的承载力会受到挑战，或者讲人与自然的互动空间就会减少，环境会因为人类活动的超期超强而变得"难以承受"。

按照一般的衡量方法，环境承载力应包括水资源承载力、大气资源承载力、土地承载力等指标。环境承载力的定性定量核算较为复杂，而且许多方面尚有不同认识，此不赘述。

就一个养殖场而言，在一个区域环境内只能算一个"质点"。但是，这个质点对环境的影响却日渐突出，特别是随着养殖业的规模化和集约化发展，养殖场已经是一个不可忽视的"污染点"。我们强调对养殖场（企业）的清洁生产水平的评估，就是要衡量养殖场对该区域环境承载力的影响。

四、养殖业—农业—生态环境的可持续发展是进行评价的最终目标

养殖业与种植业具有天然的关联，养殖的畜禽粪便是种植业的肥料资源，而种植业又是养殖业饲料资源的基础。如在原始状态下，养殖业和种植业可能会达到一种资源互补，与外部自然环境达到平衡和谐。但是，随着养殖技术的提高、养殖规模的扩大，特别是在农村组织状态转型、优质劳动力外流、农业生产结构调整、种养日益分离等日趋复杂的情况下，养殖业与种植业就不一定是在一个时空上的互动了，或者说是种植业的分散性与养殖业的集中性特点更加明显了。例如，养殖业发达的地方畜禽粪便总量可能已超过了当地的耕地需要，而一些耕地土壤贫瘠的地方距离养殖场可能会较远。这样，在某一区域的生态环境会变得更为复杂。

因此，目前进行养殖业清洁生产的评价或审核更应注重项目的科学性、广泛性、时效性和实用性，通过评价养殖场的清洁生产水平，使得最终达到的目标是：养殖场（企业）要成为一个区域生态环境平衡的有益参与者和建设者，而绝不是生态环境平衡的破坏者。

如果一定区域的养殖业与种植业基本匹配了，环境优化了，整个生态条件就会越来越好，人类可持续发展的愿望就会实现。

第二节 畜牧业清洁生产评价的内容与原则

按照畜牧业清洁生产的理论，畜牧业清洁生产的评价就应该包括生产的全过程。鉴于畜牧养殖的生产特点，特别是规模化、集约化养殖场的规划设计要求到实际生产运营的要求，我们将畜牧业清洁生产分为产前的基础条件评价、产中的生产环节评价和产后产品输出效果评价等三个板块分别给予研究。

一、评价内容

（一）产前的基础条件评价

这里主要讨论产前清洁生产的基础条件。养殖场选择在什么地方，建设成什么形式的畜禽舍等问题，对于将来的养殖场管理乃至养殖效果都是决定性的。有些养殖场设计建设时存在客观缺陷，一旦养殖场建好，往往给生产造成许多不便，影响生产效果。因此产前评价就是要评价养殖场的环境背景、基本生产条件以及未来清洁生产的发展潜力。

1. 养殖企业的外部环境和条件

（1）地形地貌：海拔、平地、坡地、山地、向阳、背阴、靠山（林）、临水（域）等。

（2）气象因素：温度、湿度、风向、风力、降水量、光照时间、太阳高度角等。

（3）交通方式：公路、铁路、水运等；主要交通道路到养殖场的距离。

（4）村落环境：与村落距离、有无其他养殖类型等。

（5）水源供给：公共水源（自来水）、自备水源；水质情况等。

（6）能源供给：电力、燃料等。

（7）种植条件：养殖场附近的耕地种植情况（面积、种植类型、种养关系等）。

2. 养殖场的规划设计

（1）面积与规划：养殖场选择的总面积、场区面积、圈舍面积、辅助设施面积、绿化面积等；设计规划的科学性、实用性、美观性等。

（2）方式与流程：养殖方式和生产管理流程直接决定着场区的总体设计，以及圈舍的建设形式和档次。这里可能没有具体指标，只是必须进行记录和性质确定，作为基本的参考背景。

（3）圈舍与建设：圈舍档次、材料水平、建设形式、操作方便、资源利用。

（二）产中各生产环节的评价

这个环节也称为产中评价。集中来讲，就是养殖场内部的全部生产环节的评价。这个环节的内容复杂、技术层次多样，涉及各类废弃物的产生与处理技术，是评价的主要内容。

（1）畜禽特质：品种、来源、品质、优良品种养殖率、特色养殖。

（2）饲料供给：来源、制作、运输、贮存；饲喂工具、饲喂方式。

（3）饮水供给：来源、方式、储备、循环。

（4）疫病防治：畜禽诊疗室、设备、药物、防疫流程与体系、病死畜禽的处理方式。

（5）人员管理：总人数、养殖一线人数、人员素质。

（6）粪便管理：清理方式、堆积或外运的数量。

（7）废水管理：废水来源、流向与清理的数量。

（8）废气排放：废气来源、废气处理、废气排放。

（9）流程管理：全场养殖流程图、清洁养殖计划、清洁养殖记录、清洁技术培训。

（10）其他废弃物：医疗垃圾、生活垃圾。

（三）产后产品输出效果的评价

产后产品输出效果的评价也称产后评价。按照循环经济的概念，生产过程的所有要素都是有用的，没有废物之称。每个环节的产品或废物都是下一个环节的有效资源。据此，我们把养殖环节产后阶段的畜产品和可能的废弃物统称为产品输出，各类废弃物也可以看做是副产品。

（1）养殖畜禽的输出：输出的形式、数量、收益评价。

（2）粪便废水的输出：输出的形式、数量、影响评价。

（3）其他废弃物的输出：类型与形式、数量和影响评价。

（4）经营管理效果：总产值、增长率、利润率等评价。

二、畜牧业清洁生产评价的原则

进行畜牧业清洁生产评价的最终目的就是要提高整体畜牧业的发展水平。因此，评价工作必须要有法可依、有序有效，要坚持下列几个基本原则。

（一）系统性原则

清洁生产是一个体系，强调的是生产单元对环境的影响，所以，应当系统地考虑问题，制定的指标要全面，而且能够反映出现代畜牧业生产的特点。

（二）全程性原则

就是要严格按照已经明确了产前、产中和产后三个环节，逐项进行评价和审核。评价和审核的结果应当是代表全程性的总评价。

（三）简易性原则

畜牧业清洁生产评价和审核的对象是养殖企业，但养殖业的大部分从业者文化程度不高，所以制定的指标和有关工作流程应当是概念清晰、内容明了、操作简单易行。这样才便于执行。

（四）示范性原则

畜牧业遍及全国，养殖户和企业的数量庞大，而且养殖形式和规模差异甚大，在实践中难以对所有形式的养殖企业进行清洁生产评价和审核，因此，对于某一养殖企业的评价和审核就要有以点带面的示范作用，依此对当地养殖业提高起到督促和规范性影响。

（五）3R 原则

所谓"3R"就是减量（Reduction）、再利用（Reuse）和循环（Recycling）的简称。按照三个词的本意应当这样理解：即减量化是最基本的要求，强调减少资源的过度投入；回收再利用是第二层次的，就是不要浪费，要提高资源的利用率；那么循环就是更高层次上的清洁化，即达到养殖业与环境的互动和谐。这是进行评价和审核时都必须要坚持的原则和要求。

第三节　畜牧业清洁生产评价的指标体系

在养殖业尚无国家统一的清洁生产行业标准的情况下，我们参照《建设项目环境影响评价技术导则 总纲》的有关要求，同时按照三部委制定的《清洁生产指标体系编制通则》和有关评价和审核的原则。本章将结合不同类型的畜禽养殖特点，按照清洁生产的技术要求，设置相应的评价指标。这里，仍然按照前述章节的产前、产中和产后三个板块进行指标设定，这样可能更具体、更直观，也更容易进行工作分工和协调。

对各个项目评价时，将依此设定基本的目标层（主体）、因素层、指标层（评价）等三个层级。这里，"目标层"是主旨目标，是代表行业的现状特点；"因素层"是指影响目标层的一些可能环节因素；"指标层"则是因素层中具有代表性或可量化性的具体因素。在每个目标层我们还特别设定了评价的基本情况描述，以便于阐述一些不确定因素的影响。文中所列举的层次结构和指标只是部分内容，研究者还可以依据具体养殖场实际进行设定。

鉴于工业领域清洁生产评价方法甚多，有的方法根本不适合农业或养殖业的生产行业，有的方法过于复杂而不适应农业或养殖业生产实践。因此，在选择评价方法时，需要结合具体生产实际，做适当的修正。

一、养殖场（企业）基本背景评价指标体系

这是养殖场选址、设计和建设的第一要务，就是产前评价体系，也是第一目标主体。

（一）自然环境评价（目标层次1）

基本情况描述（略）

1. 与养殖场环境要求的关系（因素层1）

指标（1）：年降雨量；

指标（2）：温、湿度；

指标（3）：风向玫瑰图；

指标（4）：空间布局的合理性；

指标（5）：距离村庄、主干线交通线公里数（千米）。

2. 与养殖配套的资源供给关系（因素层2）

指标（1）：电力供给（千伏安）；（自备电源）；

指标（2）：自来水源供给（吨/时；或米³/年）；

指标（3）：自备水源供给（吨/时；或米³/年）；

指标（4）：养殖场占地面积以及与当地区域耕地面积的关系（比值）；

指标（5）：本地优质饲料供给率（％）。

3. 与养殖生产相关联的社会关系（因素层3）

指标（1）：产业政策符合度；

指标（2）：可能辐射区域的人口数量；

指标（3）：相关养殖场数量（或养殖量）。

（二）养殖场设计建设评价（目标层次2）

基本情况描述（略）

1. 规划设计（因素1）

指标（1）：养殖场总面积、场区面积、圈舍面积、辅助设施面积、绿化面积；

指标（2）：建筑系数；

指标（3）：绿化率；

指标（4）：规划设计的科学性与实用性评价。

2. 圈舍建设（因素2）

指标（1）：建设形式与档次；

指标（2）：建筑配置与材料；

指标（3）：采光方式；

指标（4）：通风方式（通风动力设计）。

3. 生产流程（因素3）

指标（1）：生产流程图（畜禽种类有别）；

指标（2）：饲料采购周期（天）；

指标（3）：粪便处理方式（干出粪/水冲粪）；

指标（4）：自动化率（机械自动化设备占生产流程环节总数的比例，％）。

二、养殖清洁生产过程评价体系

该层次是整个清洁养殖的中心环节，即产中环节。所有的投入和产出、环境的保护与友好、养殖效益的高低等指标，都取决于清洁生产过程的水平。

（一）饲养技术应用评价（目标层次3）

基本情况描述（略）

1. 饲料与水的供给（因素1）

指标（1）：全价饲料率（全价饲料占总饲料量的百分数，％）；

指标（2）：自动饮水率（或者称为自动饮水率）；

指标（3）：饲料使用量（吨/天，吨/年）；

指标（4）：饲料浪费率（各个环节的浪费量占总供给量的百分数，％）。

2. 畜禽品质评价（因数2）

指标（1）：品种标准化率（国家推广优良品种畜禽个数占养殖总个体数的百分比，％）；

指标（2）：特色品种饲养率（地方特色品种占总养殖数的百分比，％）。

（二）疫病防治水平评价（目标层次4）

基本情况描述（略）

1. 周围疫情报告（因数1）

指标（1）：一般疫病发生次数（次/月；次/年）；

指标（2）：重大疫病发生次数（次/月；次/年）。

2. 场内畜禽疾病报告（因数 2）

指标（1）：疾病发生率（次/月；次/年）；

指标（2）：病死畜禽率（病死畜禽的数量占养殖总量的百分数，%；以月或年计）。

（三）畜禽粪便处理水平评价（目标层次 5）

基本情况描述（略）

1. 畜禽粪便情况（因素 1）

指标（1）：粪便的总产量（吨/天）；

指标（2）：有效处理利用率（指干出粪或制作有机肥料等的数量占总产量的百分率，%）。

2. 养殖废水（含尿液）（因数 2）

指标（1）：废水总产量（米^3/天）；

指标（2）：处理率（指按照国家排放标准经过处理的数量百分率，%）；

指标（3）：COD、BOD、氨氮、总磷的数量指标；

指标（4）：处理废水的回收利用率（养殖场或企业自己利用的数量比例）。

（四）日常管理水平评价（目标层次 6）

基本情况描述（略）

1. 制度管理情况（因素 1）

指标（1）：养殖生产记录（各个养殖阶段的生产记录等）；

指标（2）：一般养殖周期（因畜禽类群、养殖方式不同）。

2. 人员管理情况（因素 2）

指标（1）：技术人员比例（%）；

指标（2）：技术培训次数（月、年）。

三、养殖生产输出评价体系

养殖场的生产输出水平评价是对整个生产水平的总检验，它不仅包括养殖场对环境的影响，也包括养殖场直接的生产水平。我们要做到生产提高和环境保护两不误。

（一）环境污染影响评价（目标层次 7）

基本情况描述（略）

1. 大气恶臭影响（因数 1）

指标（1）：恶臭气体种类；

指标（2）：H$_2$S、NH$_3$、吲哚、脂肪酸等含量（按照恶臭污染物排放标准 GB 14554—1993）。

2. 地表水环境（因素 2）

指标（1）：COD；

指标（2）：TN；

指标（3）：TP；

指标（4）：大肠菌群数。

3. 地下水环境（因素 3）

指标（1）：$NO_3 - N$；

指标（2）：大肠菌群数；

指标（3）：细菌总数。

4. 土壤层（可耕地）（因素4）

指标（1）：有机质含量；

指标（2）：养分N/P含量；

指标（3）：重金属（种类、数量、分布）。

（二）生产效果评价（目标层次8）

基本情况描述（略）

1. 生产数量报告（因素1）

指标（1）：年出栏总数（头、只）；

指标（2）：年畜产总量（万千克、吨）；

指标（3）：产出率（如：出栏率、产蛋率、平均年胎数、孵化率等）。

2. 生产质量报告（因素2）

指标（1）：产品合格率；

指标（2）：优质产品率（绿色、有机等特色）。

3. 经济核算报告（因素3）

指标（1）：饲料总报酬率（或料肉比、料蛋比等）；

指标（2）：投资回报率（利润率）；

指标（3）：单位产值能耗。

第四节　畜牧业清洁生产的评价方法

在确定了评价指标体系后，选择适当的评价方法就显得更为重要。畜牧业清洁生产的评价可以分为两种类型。第一种是对即将进行建设的项目进行所谓"规划性评价"，这种评价的目的就是要减少投资建设的盲目性，即通过对项目规划的分析，可能的效果比较，在多个方案中筛选出较优秀的项目方案。第二种是对已经实施的养殖项目进行清洁生产的"现实性评价"，这种评价的目的就是找问题、寻原因、促改进、再提高。

当然，同一事物的评价方法有多种选择，同一方法也可以评价不同的事物。就养殖业本身而言，产前、产中和产后不同阶段的评价方法也可以不同。

一、常用评价方法简介

（一）专家判断法

专家判断法也称专家预测法。这里先要明确专家的界定，所谓专家必须是本行业具有扎实的专业知识、精通业务、在某些方面积累丰富经验、富有创造性和分析判断能力的人。

具体实施时，常用的有几种方式：

1. 专家个人判断法　个人判断法是专家个人用规定程序进行调查的方法。这种方法是依靠个别专家的专业知识和特殊才能来进行判断预测的。当然，由于个人的知识视野和个人偏好会造成一定的偏差，因此，专家的选择就很重要。

2. 专家会议法　专家会议法又称专家会议调查法，是根据项目的规划建设要求，通过向多位有关专家提供一定的背景资料，用会议的形式对预测项目及其前景进行评价，在综合专家分析判断的基础上，对项目的可行性进行推断。

3. 头脑风暴法　组织各类专家相互交流意见，无拘无束地发挥自己的想象力，畅谈想法，发表自己的意见，不断在头脑中进行智力碰撞，进而产生新的思想火花，使得预测和判断的观点不断集中和深化，从而提炼出符合实际的预测方案。这种方法多用于新项目的探索或创新项目方面的一些分析和评价。

4. 德尔菲法（Delphi）　德尔菲法实际上就是专家小组法，或专家意见征询法。这种方法是按一定的程序，采用背对背的反复信函询问的方式，征询专家小组成员的意见，经过几轮的征询与反馈，使各种不同的意见渐趋一致，经汇总和用数理统计方法进行处理，从而得出一个比较合理的预测与评价结果。

这种方法对于规划项目的评价比较常用。

（二）核查表法

核查表法是最早用于环境影响识别、评价和方案决策的方法。该方法是将环境评价中必须考虑的因素一一列举出来，然后对这些因素进行核查后做出判断，最后对核查结果给出定性或半定量的结论（或预测）。

这种方法还是基于行业或专业的理论和实践积累，比照基本理论和标准进行科学评价。该方法可用于规划性项目评价，也可以应用于现实性项目分析。

（三）矩阵法

该法可以看做是一种用来量化人类的活动和环境与相关生态系统之间的交互作用的二维核查表，也是最早的和最广泛应用于环境分析、评价和决策的方法。

具体讲，矩阵图表的形式可进行如下所示，A 为某一个因素群，a1、a2、a3、a4、…是属于 A 这个因素群的具体因素，将它们排列成行；B 为另一个因素群，b1、b2、b3、b4、…为属于 B 这个因素群的具体因素，将它们排列成列；行和列的交点表示 A 和 B 各因素之间的关系，按照交点上行和列因素的关联性，及其关联程度的大小，可以探索问题的所在和问题形态，也可以从中得到解决问题的方法。

矩阵法可以表示和处理那些由模型、图形叠置和主观评估方法取得的量化结果。可以把矩阵中每个元素的数值与对环境资源、生态系统和人类社区的各种活动产生的累积效应的评估很好地联系起来。这样可以广泛应用于社会和经济的分析。这种方法对于现实性项目的审核评估很实用，能够恰当地找到存在的问题及其严重程度。

（四）暮景分析法

暮景分析也称为情景分析（Scenarios Analysis），就是把受影响时的环境状况和受规划项目行为在不同时间和条件下影响后的状况，按照年代的顺序一幕幕地进行描述的一种方法。它能够提醒决策者注意某种措施可能引起的风险、需要进行监视的风险范围、关键因素对未来的影响、新生技术对未来的影响等等。可见，这种方法更适合于规划类项目的评价。

简单的暮景描述可以用图表、曲线，复杂的状况则需用计算机模拟显示。当然，暮景分析法只是建立一套进行环境影响评价的框架，分析每一暮景下的具体环境影响还必须依赖于其他一些有力的评价方法，例如，数学模型、矩阵法和GIS法等。

（五）生态足迹法

生态足迹（英文：Ecological Footprint，EF）就是能够持续地提供资源或消纳废物的、具有生物生产力的地域空间（Biologically Productive Areas），其含义就是要维持一个人、地区、国家的生存所需要的或者指能够容纳人类所排放的废物的、具有生物生产力的地域面积。显然，这个区域中最重要的资源是土地面积和水资源量。

生物足迹实际是人口数量和人均物资消费的一个函数，它测量了人类的生存所必需的真实生物产量面积，是所有消费商品的生物生产面积的总和。那么，把项目规划区域的生态足迹与国家或区域范围所能提供的生物生产面积进行比较，就能为判断一个国家或地区的生产消费活动是否处于当地生态环境承受力范围内提供依据。

养殖场给一定区域提供畜产品，同时也给该环境带来大量的废弃物，用生态足迹法可以对规划养殖项目进行预测，也可以对现实养殖场进行评估。

（六）生态服务价值方法

生态系统服务（Ecosystem Services）是指人类直接或间接从生态系统获取的效益，主要包括经济社会系统输入有机物质和能量、接受和转化来自经济社会系统的废弃物，以及直接向人类社会成员提供的各种服务（如洁净空气、水等）。这种思维与传统经济学意义上的服务不同，生态系统只有小部分能够进入市场。生态系统服务是以长期服务流的形式出现的，能够带来这些服务流的生态系统是自然的资本。

（七）可持续承载分析

该方法前文已有部分论述。生态承载力的研究是区域生态规划和实现区域社会经济发展与生态环境可持续协调的前提。研究的主要内容包括资源承载力、环境承载力和生态承载力，其中以土地资源承载力研究最多。后续将重点介绍。

（八）环境数学模型法

数学模型就是用数学公式描述事物积累变化的过程，因此可以作为规划设计项目的战略决策辅助工具。环境数学模型法是用数学形式定量表示环境系统或环境要素的时空变化过程和变化规律，应用于大气或水体中污染物质随空气或水等介质在空间中的运输和变化规律。如大气扩散模型、水质模型、土壤侵蚀模型、物种栖息地模型等。

在环境分析中，结合情景分析、优化分析等，可以确定多个污染或其他影响源产生的累积效应，并找到每一种影响源，达到控制目标的最优水平。对于养殖业，可以用于最佳选址的评估和比较。

应用数学模型法似乎简单，其实需要较高的基础数据，需要一些计算条件和参数、数据等。使用时一般选择已有的数学模型，并依据预测、现状信息和数据加以改进使用。

（九）网络法

网络法是用图来表示活动所造成的环境影响以及各种影响之间的因果关系。多级影响逐步展开，呈树枝状，因此又称为影响树。网络分析可以用于规划项目的环境影响评价和监测阶段或规划的累计影响识别和预测中。

在采用这种方法分析规划中的各个事件发生的概率时，需要注意各个事件独立发生的初级—次级—三级乃至多级影响的概率是独立的。当然，事件是联系的，应考虑一定的关联性并进行适当的概率调整。

（十）多指标分析法

该方法是基于多种指标一体化的一种决策支持工具。它通过一种统一的方法来处理大量复杂的信息，以供决策者使用。在实际应用中常常依据权值来进行判断，因此需要建立定性和定量的可衡量的指标来评价规划所涉及的范围。

多指标分析法应用的重点是在于决策部门的判断、规划和环境目标的选择、指标的选取和权重的建立。也可以与其他相近的方法结合起来进行判断。

（十一）生命周期法

生命周期评价是一种评价产品生产、工艺或一项服务，从原材料采集到产品生产、运输、销售、使用、回收、维持和最终处置整个生命周期的不同阶段有关环境负荷的过程。评价时，它不仅考虑行为的直接影响，还要考虑与之相关的行为的间接影响。可以把一个组别或类型的畜禽作为一个产品单位，研究它的生命周期过程中的环境负荷变化。

（十二）层次分析法

层次分析法（Analytical Hierarchy Process，AHP）是 20 世纪 70 年代美国匹斯堡大学教授 T. L. Saaty 提出的一种定量与定性结合的多目标、多准则的综合决策分析方法，是优化技术的一种，目前综合评价应用较为普遍。

该方法涉及 Perron - Frobenius 理论、Fuzzy 数学、数理逻辑、统计推算、度量理论等多个学科，是较完整地体现系统工程学的系统分析和系统综合的思路，即将一个复杂的问题看成一个系统，又据系统内部因素的隶属关系，将复杂问题化为有条理、有秩序的层次，以一个层次梯阶图直观地反映系统内各因素之间的关系，这样就可以求解各个子系统的问题，而后再逐级地进行综合。

（十三）费用效率分析法

费用效率分析法是根据福利经济学原理，最早产生于美国联邦水利机构，为了评价水资源投资而发展起来的。随后在公路运输、城市规划和环境质量管理等领域得到了广泛应用。

在环境影响评价中采用费用效益分析，首先要对环境资源进行货币化，即进行价值评估，然后再比较费用效益。常用的有两种方法：

1. 净现值法 计算公式：

$$PVNB=PVDB+PVEB-PVC-PVEC$$

式中 　PVNB——项目或方案净效益现值；

　　　　PVDB——项目或方案直接经济效益的现值；

　　　　PVEB——项目或方案使得环境改善效益的现值；

　　　　PVC——项目或方案费用现值；

　　　　PVEC——项目或方案环境影响损失的现值。

那么，比较各方案的净现值，以其最大者为好。

2. 效益与费用比   计算公式：

$$\delta = \frac{PVDB + PVEB}{PVC + PVEC}$$

这里，计算出效益现值与费用现值之比，哪个方案中的 δ 最大则该方案最好。其实，这种方法更适合对现实性的养殖场进行评价。净现值越大，则经营和管理的效果越好。

二、德尔菲法（Delphi）在养殖场规划设计中的应用

（一）基本原理

德尔菲法（Delphi）是在 20 世纪 40 年代，由 O. 赫尔姆（Helmer）和 N. 达尔克首创，经过戈登（Gordon）和兰德公司进一步发展而形成的。1946 年，兰德公司首次将这一方法用来进行预测，后来该方法得到广泛推广。德尔菲是古希腊地名。相传太阳神阿波罗（Apollo）在德尔菲杀死了一条巨蟒，成了德尔菲主人。在德尔菲有座阿波罗神殿，是一个预卜未来的神谕之地，故借用此名说明该方法的预测可靠性。

该方法的基本原理就是由调查者拟定调查表，按照既定程序，以函件的方式分别向专家组成员进行征询；而专家组成员又以匿名的方式（函件）提交意见。经过几次反复征询和反馈，专家组成员的意见逐步趋于集中，最后获得具有很高准确率的集体判断结果。

现代化、规模化养殖场的设计和建设是一个系统工程，要在国家有关法规和清洁生产技术要求下进行。那么方案的必要性、科学性、可行性等需要反复论证，只有这样才能做到"防患于未然"。利用德尔菲法进行专家分析是一个较为简单且实用的方法。

（二）基本要求

1. 专家的匿名化   该方法主要在于专家个人的意见和评估，要保证意见的客观性，人员之间必须匿名，互不相知。这样，大家讨论只看具体意见，避免了各种人为干扰。

2. 反馈性   该方法需要经过 3～4 轮的信息反馈，在每次反馈中使调查组和专家组都可以进行深入研究，使得最终结果基本能够反映专家的基本想法和对信息的认识，所以结果较为客观、可信。

3. 统计分析   专家的意见从不统一到逐渐一致，除了大家的相互借鉴、趋同等，还需要一定的统计分析，最终使得各方面的意见统一，对于方案的决策就更加可靠。

（三）德尔菲法在养殖场规划设计评价中的具体方法和步骤

1. 专家的选择   鉴于养殖业清洁生产的特殊要求，聘请的专家应当包括：畜牧专家、规划设计师、环保专家、建筑师、经济师等，以畜牧专家、规划专家为主，总人数以 10 人左右为宜。

2. 问题设定与提供   在养殖场规划设计中，主要体现出清洁生产的基本思想和要求，达到生产的高效和优质，同时，达到环境的友好及可持续。可以把规划设计方案归纳为 6 个方面。

（1）养殖场选址的合理性：按照养殖业的选址要求和法律法规，结合与建设区域的实际进行评价。专家可以按合理性程度进行选择：合理：100；较合理：75；一般：50；较差：25；不合理：0。

（2）设计建设的科学性：主要是分析设计方案要符合畜禽的生产生活特点，如风向选

择、通风性能、阳光照射、温湿度控制、场区设计等，还有畜禽舍内环境及其设施的设计和建设上，要求对畜禽安全性的最大化。专家可以按照 5 个档次进行分值评判：规划科学、设计先进：100；规划科学、设计一般：75；规划和设计都一般：50；规划一般、设计较差：25；规划较差、设计较好：25；规划和设计均较差：0。

（3）生产规模的可行性：这里主要包括生产流程设计和养殖规模的确定。在养殖实践中，养殖生产技术水平直接影响着实际规模的选择，如养殖技术较好的可以进行自繁自养，保障条件好的，可以适当扩大规模。对于规模化选择，建议适当为主，当然还应当结合场区外环境有无限制来考虑。对于此方面评价，专家同样可以设定五个分值给分。规模合理可行：100；基本可行：75；规模过小：50；生产水平较低规模太大：25；生产与规模不适合：0。

（4）清洁技术应用水平：养殖业清洁生产是我们竭力推广的生产理念，清洁生产技术的应用是全方位的，体现在产前、产中和产后几个环节。项目的规划设计中应当充分体现这些技术的应用，如资源利用、节约措施、粪便处理、减少能耗、提高效率等方面。专家给的评分标准是：技术先进、全面：100；技术一般、但全面：75；技术一般、需要完善：50；技术应用极差、不完善：25；技术基本没有涉及：0。

（5）废弃物处理技术水平：这里主要集中分析养殖场几种废弃物的处理以及相应技术问题。养殖场废弃物主要是畜禽粪便和养殖废水，还有医疗垃圾、病死畜禽、生活垃圾等，专家将就粪便处理方式、污水排放达标情况，以及其他垃圾处理设计与技术等进行打分：技术先进：100；较先进：75；一般：50；较差：25；极差：0。

（6）经济效益评估：主要依据投资规模、设计水平、养殖流程和产品回报等方面的假设，进行未来经济效益的评估。可以设定几个简单的经济指标，如投资回报期、净现值、利润率等。假设以利润率为例，专家可以按照下列标准打分：利润率大于 30%：100；大于 20%：75；大于 10%：50；等于 0：25；亏损：0。

养殖企业的利润一般都较低，需要规模和时间才有效应。所以在设定利润时需要谨慎评价。

3. 专家分析与材料提交

（1）方案材料发放：把设计方案和上述问题设定一并转交各位专家，待专家们第一次评价完后收集，进行简单汇总，各专家必须对有关问题做必要的说明（即打分依据）。

（2）进行分值和意见列表：收集第一次分值和意见，并进行对比列表，再把统计的各位专家意见集中起来，发给各位专家，让他们对照别人的意见，进一步修正自己的意见。这里，可以提供匿名的各个意见依据，或者提供有关权威意见或文献资料等。意见和分值统计可用表 8-1 的形式。

表 8-1　德尔菲法（Delphi）专家意见分值表

专家	选址	规划	规模	清洁	废弃物	效率
1	a_1	b_1	c_1	d_1	e_1	f_1
2						

（续）

专家	选址	规划	规模	清洁	废弃物	效率
3						
4						
5						
6						
7						
8						
9						
n	a_n	b_n	c_n	d_n	e_n	f_n
平均	A	B	C	D	E	F

（3）最后统计列表：收集第二次意见和分值，再进行统计列表，同上述方法和要求一样，让专家进行自我修正。这个过程一般进行 3～4 次即可，一般以专家不再改变意见为止。

4. 方案统计归纳与评价　把收集的最后专家较为一致的结论，作为最后决策的主要依据。这里选择的方法较多，我们选择问题算数平均和总评加权平均分析的方法。

第一，各个问题的意见和分值平均计算（可利用表 8-1）。那么，选址问题平均值为：

$$A = [\sum a_i]/n$$

规划问题平均值为：

$$B = [\sum b_i]/n$$

其余，类推。

第二，对方案的总评。在养殖场建设以及将来的生产中，我们暂时归结了上述 6 个方面的问题，那么就该方案的总体评价应当如何下一个结论呢？这里需要进行权重分析，没有效益的投资方案是要被剔除的。所以，上述问题设定中效益问题单独实行 Y/N 判断（Y：yes 有效益；N：no 无效益）。其他问题实行权重分析，见下列表格设定（表 8-2）。对于最后的评价，我们将进行设计评判和预期效益评判相结合的办法，详见表 8-3 的计算和表述。

表 8-2　养殖场规划设计评价权重表

项目内容	选址	规划	规模	清洁	废弃物	合计
权重	25	15	10	30	20	100

表 8-3 养殖场规划设计评估总评表

项目内容	选址	规划	规模	清洁	废弃物	效益
项目平均	A	B	C	D	E	经济效益:
权重	25	15	10	30	20	Y——可行
总评分数	$25A$	$15B$	$10C$	$30D$	$20E$	N——不可行
总评指数	$W=[25A+15B+10C+30D+20E]/100$					
决策判定	$W \geqslant 75$;(Y)——该养殖场项目必要、可行,有效益。 $W \geqslant 75$;(N)——该项目必要、可行,暂无效益,需改进。 $W < 75$;(Y)——该项目设计规划有缺陷,需改进,长期不宜。 $W < 75$;(N)——该项目有缺陷,无预期效益,应放弃。					

例如,某养猪场(年出栏 5 000 头)规划设计进行了清洁生产评价,预计企业每年大约有 50 万元收入。依据各环节评分得到如下结果:选址评分是 75;规划是 80;规模是 60;清洁是 70;废弃物是 50。

按照上述方法进行总评价分值:

$$W=[25 \times 75+15 \times 80+10 \times 60+30 \times 70+20 \times 50]/100=67.75$$

这样,最后的判断是:该养殖企业需要在生产环节、经营环节改进,特别是清洁生产和废弃物处理方面需要增加投入,否则,企业长期发展会受到影响,或者受到政府强制关闭。

三、环境承载力分析法在养殖业中的应用

(一)环境承载力概念及其发展

承载力研究最早可以追溯到 1758 年法国经济学家奎士纳在他的《经济核算表》一书中讨论了土地生产力与经济财富的关系。后来马尔萨斯在《人口原理》中提出:人口具有迅速繁殖的倾向,这种倾向受资源环境(主要是土地和粮食)的约束,会限制经济的增长,长时期内,每个国家的人均收入会收敛到其静态的均衡水平,这就是"马尔萨斯陷阱"。但把承载力作为一个确切学科概念提出则是 1921 年,人类生态学家帕克和伯吉斯给出的定义是:在某一特定条件下(主要指生存空间、营养物质、阳光等生态因子的组合),某种个体存在数量的最高极限。

1953 年,E. P. Odum 在《生态学原理》中,将生态承载力与对数增长方程赋予了承载力概念较为精确的数学形式。1972 年,《增长的极限》出版,该书认为人类社会的增长由五种相互影响、相互制约的发展趋势构成:即加速发展的工业化人口剧增、粮食私有制、不可再生资源枯竭以及生态环境日益恶化,并且它们以指数增长而非线性增长,全球的增长将会因为粮食短缺和环境破坏在某个时段内达到极限。在追求经济增长的同时,必须关注资源环境承载力问题。

20 世纪 80 年代,联合国教科文组织提出了"资源承载力"的概念,即"一国或一地区的资源承载力是指在可以预见的时期内,利用该地区的能源及其他自然资源和智力、技术等条件,在保证符合其社会文化准则的物质生活条件下,能够持续供养的人口数量"。

1995 年，Arrow 与其他学者发表了"经济增长承载力和环境"一文，引起了承载力研究的高潮。

生态承载力是生态系统的自我维持、自我调节能力，资源与环境的供应与容纳能力及其可维持的社会经济活动强度和具有一定生活水平的人口数量。对于某一区域，生态承载力强调的是系统的承载功能，而突出的是对人类活动的承载能力，其内容包括资源子系统、环境子系统和社会子系统。

（二）环境承载力的主要特征和研究方法

1. 环境承载力的主要特征

（1）客观性与主观性：客观性体现在一定时期、一定条件下的环境承载力是客观存在，是可以度量和分析的，体现在环境的结构和功能上。主观性是指人们用怎样的方法和标准来衡量这种承载力。

（2）区域性和时间性：即在不同时间和区域承载力是不同的，其相应的评价指标和方法是不同的。

（3）动态性和可控性：环境承载力的动态性和可控性是指其大小是随着时间、空间和生产力水平而变化的。人类可以通过改变经济增长方式、提高技术水平等手段来提高区域内环境承载力，使其向有利于人类的方向发展。

2. 环境承载力研究方法　对于环境承载力的量化研究和评价，主要是针对环境承载力评级指标的具体数值采用统计学方法、系统动力学方法等进行综合分析。概括起来主要有：指数评价法、相对环境资源承载力方法、承载率评价法、系统动力学方法、层次分析法以及多目标模拟最优化方法等。鉴于篇幅和行业特点，这些方法不予详述。

（三）养殖业的环境承载力问题与研究

随着养殖业规模化和集约化日益发展，一个区域的一个或几个养殖场已经对该地区的环境造成现实的或潜在的巨大影响，这已经是不争的事实。

关于畜禽养殖对环境承载力的影响，这几年的研究甚多。但关于这方面的承载力研究尚没有统一衡量和评判的标准。

陈薇等人研究了畜禽粪便成分的承载力问题，根据不同畜禽品种平均每头（只）存栏动物每年的粪便养分产生量、每公顷作物每年的养分移走量，计算出每公顷大田作物地、蔬菜地和园地每季所能承载的各种畜禽数量，然后根据各地区的复种指数估算出作物地每年承载的畜禽数量。当然结论是明确的，即可以根据区域需要，通过提高作物对肥料的利用率、调整化肥与粪肥用量、调整种植结构等方式改变畜禽承载力的大小。

孟祥海等人则以 1991—2011 年的《中国统计年鉴》和《中国农村统计年鉴》等基本数据资料，选取土壤环境承载压力、水环境承载压力、饲料粮自给压力和饲草自给压力等四项指标，并分别进行了核算。这里仅介绍几个基本概念。

1. 土壤环境承载力　土壤环境承载压力是指一定时期内，某区域可承载土壤中氮、磷养分投入量所需要的土地面积与该区域可承载土地面积的比值。

2. 水环境承载压力　水环境承载压力是指在一定时期内，既定水环境标准下，某区域畜禽粪便进入水体后所需用于稀释污染物的地表水资源总量与该区域可用于稀释污染物的地表水资源总量的比值。

3. 饲料粮自给压力　饲料粮自给压力是指一定时期内，某一区域畜牧业耗粮总量与该区域饲料粮生产总量的比值。

4. 饲草自给压力　饲草自给压力是指一定时期内，某区域畜牧业生产所消耗的饲草所需要的草地资源与该区域可利用草地资源的比值。

姚升、王光宇选取中国大陆 31 个省（自治区、直辖市）的畜禽养殖数据，分析了中国畜禽养殖的粪便产生量及耕地负荷量。笔者认为，这种一定区域畜禽粪便产量与该区域耕地面积之比较，是基于种养结合的基本逻辑，耕地负荷大小具有一定的预警性。但当前对于一个养殖场而言，大多数情况是"种养分离"。所以对于养殖场的清洁生产来说，这种负荷没有太大的针对性。因此，最主要的是产生对环境有危害的废弃物越少越好，对产生的各类废弃物处理的越彻底越好。

鞠昌华等对养殖业的环境承载力特征进行了归纳，认为养殖业除了一般的环境承载力特征外，还具有如下几个特征：第一是承载对象的独特性，认为畜禽本身既是生产的对象，又是生产者本身，畜禽本身所具有的生物学特性决定了它的产污系数（粪便）具有相对的稳定性。第二是承载体的独特性，强调了养殖区域在接受污水排放和土壤接受粪便养分方面的双重承载特点。第三是畜禽养殖环境系统的多层次系统性，认为承载力应当包括区域环境系统、农业市场系统和养殖生产系统，统筹考虑环境承载力，特别是在摸清区域土壤消融能力的基础上建立种养结合的理念。第四是空间异质性与管制性，分析了养殖场（企业）在一个区域内分布存在不平衡性，随着区域不同、标准不同就应当有一定的管制特点，这样就出现了限养和禁养的问题。第五是动态性与产业可调控性，指出在不同畜禽养殖管理水平下，一定区域范围内的畜禽养殖环境承载力是动态变化的。管理水平的提高有利于提高一定时空范围内的畜禽养殖环境系统支持能力。加上政策的变化也造成了环境承载力的可调控性。

综上所述，环境承载力虽是以一定（广阔）区域环境为研究对象，但对于养殖场（企业）及其排污而言也具有宏观的约束作用和指导意义。从这个意义来讲，养殖场推行清洁生产理念是十分必要的，更是十分紧迫的。

（四）影响养殖业环境承载力的因素和畜禽粪便污染负荷

1. 影响养殖业环境承载力的因素　按照环境承载力的理论，畜禽养殖业的环境承载力是指在某一时期、某种环境状态下，在特定区域环境系统结构不发生质的改变，区域环境的功能不会朝着恶性方向转变的条件下，该地区的环境系统对畜禽养殖业这一经济活动的支持能力。或者可以这样理解，即由于养殖业参与到某个区域环境，但并未对该区域环境结构和功能造成破坏的最大养殖量。所以，影响养殖业的环境承载力因素有下列几个方面：

（1）水资源量。

（2）当前或未来养殖业发展的水平。

（3）区域内耕地对畜禽粪便的容纳量。

（4）养殖技术的提高和粪便处理技术的发展。

（5）有关政策和法规的制定。

上述这些因素在有关章节已有论述，而且具有一定的量化指标，此不赘述。

2. 畜禽粪便污染负荷估算

（1）畜禽粪便耕地负荷估算：畜禽粪便的最终去处当然是以耕地施用为主。那么从种养结合的角度看，用设定区域的有效耕地面积能够承受的畜禽粪便数量（各类有效成分更为确切）来衡量该区域养殖业对环境的压力是简单易行的方法。其概念公式是：

$$畜禽粪便耕地负荷 = \frac{畜禽粪便污染物数量}{有效耕地面积}$$

式中畜禽粪便污染物数量的估算是关键。一般以每年为单位，重点是养殖企业养殖的各类型畜禽产生的粪便总量以及其中的各有害物质含量。而影响这个数量的因素是复杂的，如不同畜禽个体产生的粪便性质不同、数量不同，畜禽的生长时间不同，管理上的出粪方式也不同，最后排出养殖场的粪便数量就有很大差异。这里提供畜禽粪尿排泄系数（表8-4）和畜禽粪尿中污染物的平均含量（表8-5）。有这两项基本数据，结合养殖场的养殖类型与数量，即可计算出该场对该区域的耕地负荷。

表 8-4　畜禽粪尿排泄系数

单位：千克/（头·天）、千克/（只·天）

畜禽种类	粪排泄系数范围	平均值	尿排泄系数范围	平均值
猪	2～5	3.5	3.3～5	4.15
肉牛、役牛	20～25	22.5	10～11.1	10.55
羊	1.3～2.66	1.98	0.43～0.62	0.53
蛋鸡	0.15	0.15	—	—
肉鸡	0.08	0.08	—	—

选自：白明刚. 河北畜禽养殖业污染评价及对策研究［D］. 石家庄：河北农业大学，2010：12-14。

表 8-5　畜禽粪尿污染物平均含量汇总表

单位：千克/吨鲜粪尿

类别	TN 含量	TP 含量	BOD	CODcr	NH₃-N
猪粪	5.88	3.41	37.30	52.00	3.08
猪尿	3.30	0.52	5.00	9.00	1.43
大牲畜粪	4.37	1.18	24.53	31.00	1.71
大牲畜尿	8.00	0.40	4.00	6.00	3.47
羊粪	7.50	2.60	4.10	4.63	0.80
羊尿	14.00	1.96	4.10	4.63	0.80
鸡粪	9.84	5.37	47.87	45.00	4.78

注：①选自：白明刚. 河北畜禽养殖业污染评价及对策研究［D］. 石家庄：河北农业大学，2010：12-14。
　　②大牲畜包括牛、马、驴、骡。

（2）畜禽粪便耕地负荷的猪粪当量估算：上述的估算方法也可以依据猪粪当量进行。即要把各类畜禽粪便折合成猪粪当量，然后统一核算。计算公式如下：

$$q = Q/S = \sum XT/S$$

式中　q——畜禽粪便以猪粪当量计的土地负荷量，［吨/（公顷·年）］；

　　　　Q——各类畜禽粪便猪粪当量，（吨/年）；

S——有效耕地面积，（公顷）；

X——各类畜禽粪便量，（吨/年）；

T——各类畜禽粪便换算成猪粪当量的系数（表 8-6、表 8-7）。

表 8-6　各种畜禽粪便的猪粪当量换算系数

项目	猪粪	猪尿	牛粪	牛尿	家禽
猪粪当量系数	1.0	0.57	0.69	1.23	2.10

资料来源引自：程波．畜禽养殖业规划环境影响评价方法与实践［M］．北京：中国农业出版社，2012：48-49。

表 8-7　各类畜禽粪便含氮量及换算成猪粪当量换算系数

项目	猪粪	猪尿	牛粪	牛尿	家禽
换算系数范围	1.0	0.50~0.57	0.14~1.81	0.21~0.35	0.26~2.13

引自：程波：畜禽养殖业规划环境影响评价方法与实践［M］．北京：中国农业出版社，2012：49。

各类畜禽养殖量的换算单位一般是：1 头猪=1/5 牛=2 羊=30 鸡/鸭。

当计算出畜禽粪便猪粪当量负荷 q，还应当与当地耕地以猪粪当量估算的最大适宜粪便使用量 P 进行比较：

$$r=q/P$$

式中的 r 是负荷警报值。依据警报值可以直接判定畜禽粪便对环境耕地的影响程度。警报值分级见表 8-8。

表 8-8　畜禽粪便负荷警报值分级表

警报值	<0.4	0.4~0.7	0.7~1.0	1.0~1.5	1.5~2.5	>2.5
分级	Ⅰ	Ⅱ	Ⅲ	Ⅳ	Ⅴ	Ⅵ
对环境构成污染的威胁	无	稍有	有	较严重	严重	很严重

引自：程波：畜禽养殖业规划环境影响评价方法与实践［M］．北京：中国农业出版社，2012：115-116。

第九章 畜牧业清洁生产的审核

第一节 畜牧业清洁生产审核概论

一、我国清洁生产审核的历史

1988 年，美国环保局为了加强重点行业的环境管理，编写了《废物最小化机会评估指南》（Waste Minimization Opportunity Assessment Manual）。1992 年改写为《企业预防污染指南》（Facility Pollution Prevention Guide），提出了评估的程序，并且由 12 个步骤组成。

此后，这种预防污染的分析方法很快在美国和欧洲工业发达国家应用于环境管理。1993 年，荷兰把这种预防分析的程序进行了改进，把评估程序整理为 7 个。联合国环境计划署推荐给各国作为清洁生产审核程序，并且定义了清洁生产审核的概念：清洁生产审核是对企业现在的或计划要进行的工业生产过程和产品实行污染预防分析和评估，从而持续改进环境和效能。

我国经过多年的清洁生产实践，也逐步完善了清洁生产审核的定义。在国家环保总局新颁布的《清洁生产审核办法》（2016）中，把清洁生产审核也称为清洁生产审计（Cleaner Production Audit）。这就是一套对正在运行的生产过程进行系统分析和评价的程序；是通过对一家公司（工厂）的具体生产工艺、设备和操作的诊断，找出能耗高、物耗高、污染重的原因，掌握废物的种类、数量以及生产原因的详尽资料，提出如何减少有毒和有害物料的使用、产生以及减少废物产生的方案，经过对备选方案的技术经济及环境可行性分析，选定可供实施的清洁生产方案的分析、评估过程。

上述定义明确提出了清洁生产审核的重点就是在于找出问题，并提出可行的清洁生产实施方案。

马妍等人（2010）把我国清洁生产发展的历史分为建立、发展、审核与提高完善工作四个阶段。

第一阶段：前期准备阶段（1973—1988 年）。1973 年，我国制定了《关于保护和改善环境的若干规定》，提出了"预防为主，防治结合"的防治污染方针，这是我国最早的关于清洁生产的法律规定。

第二阶段：引进消化阶段（1989—1992 年）。1989 年，联合国环境规划署提出推行清洁生产的行动计划后，清洁生产的理念和方法开始引入我国，我国政府做出了积极回应，1992 年 8 月，国务院制定了《环境与发展十大对策》，提出："新建、改建、扩建项目时，技术起点要高，尽量采用能耗物耗小、污染物排放量少的清洁生产工艺。"清洁生产成为解决我国环境与发展问题的对策之一。这个时期我国虽已认识到清洁生产在环境保护中的重要性，但限于当时的技术水平和资金条件，加之原来不合理产业结构的制约，使得这一政策的作用并没有完全发挥出来。

第三阶段：立法和审核试点示范阶段（1993—2002 年）。该阶段是我国清洁生产由自发阶段进入政府有组织的推广阶段。这一阶段的基本特征是清洁生产在法律政策上的确立、清洁生产概念和方法学的引进，及其在中国的推广实践。在这 10 年间，我国清洁生产工作取得了重大发展，依靠各种国际合作项目和国内的示范项目在企业层次上进行清洁生产审核试点示范工程，开展清洁生产审核的企业近千家。

在《节约能源法》《大气污染防治法》《环境噪声污染防治法》和《固体废物污染环境防治法》等法律中，都增加了清洁生产这方面的内容。2002 年 6 月 29 日，九届全国人大常委会第 28 次会议审议通过了《中华人民共和国清洁生产促进法》（以下简称《促进法》），该法是我国第一部以污染预防为主要内容的专门法律，是我国全面推行清洁生产的新里程碑，标志着我国清洁生产进入了法制化的轨道。

第四阶段：审核制度建立与执行阶段（2003—2005 年）。国家发展和改革委员会、环境保护部（原国家环保总局）于 2004 年 8 月 16 日制定并审议通过了《清洁生产审核暂行办法》，首次提出了"强制性清洁生产审核"，并对我国的"清洁生产审核"给出了明确定义。《清洁生产审核暂行办法》的颁布实施成为清洁生产审核制度建立的重要标志。2005 年 12 月 13 日出台了《重点企业清洁生产审核程序的规定》，重点指出了需要进行强制性清洁生产审核的工作程序和要求，标志着强制性清洁生产审核已经有法可依、有章可循。

第五阶段：审核制度发展完善阶段（2006 年至今）。为鼓励和指导企业有效开展清洁生产，规范清洁生产审核行为，确保取得节能减排的实效，环境保护部于 2008 年 7 月 1 日出台了《关于进一步加强重点企业清洁生产审核工作的通知》《重点企业清洁生产审核评估、验收实施指南》和《需重点审核的有毒有害物质名录》（第二批）作为该通知的附件同时颁布实施，标志着重点企业清洁生产审核评估验收制度的确立。

特别是 2016 年 5 月 16 日，国家发改委与环保部联合颁布了《清洁生产审核办法》，更加明确了清洁生产的审核范围和实施办法，这是新形势下，我国清洁生产推广与审核的指导性法规。

二、畜牧业清洁生产的审核

按照《中华人民共和国清洁生产促进法》规定和要求，清洁生产适合于任何企业。那么同样，畜牧业清洁生产也当然需要进行一定的审核。

1. 畜牧业清洁生产审核的目的　按照《清洁生产审核办法》的有管规定，畜牧业清洁生产审核的目的主要包括下列几个方面：

第一，全面评价养殖业产前、产中和产后三个板块的基本现状，从生产流程上，全面了解养殖企业（场）的生产环境、原料投入、资源利用、畜禽粪便的处理与环境影响等状况。

第二，帮助养殖企业分析影响资源利用率、生产效率、畜禽粪便处理技术以及环境保护效应等方面的原因。

第三，给审核养殖企业提出进行清洁生产的基本原则：确定从养殖场环境选择、饲料资源利用、圈舍建设、清洁养殖技术、畜禽粪便处理技术、粪便等废弃物处理、养殖环境优化等方面的方案和实施计划。

第四，促进养殖企业（场）全员参加清洁生产、推行清洁生产技术的意识与自觉性，不断提高清洁生产的水平。

2. 畜牧业清洁生产审核的范围　在新颁布的《清洁生产审核办法》中，对审核的范围和对象进行了严格的界定。依据办法规定，养殖企业（场）可能涉及的资源、废弃物、环境影响等均在审核之列。至于如何界定具体的畜牧业清洁生产的审核范围，则需要进一步分析。

《清洁生产审核办法》明确指出，清洁生产可以分为强制性审核和自愿性审核两种类型。就目前养殖业现状来看，又似乎处在两可之间。从畜禽养殖的产业地位和普遍水平来看，应当属于自愿性审核范围，但从当前养殖业规模化趋势，尤其是一些规模化、集约化养殖带来的巨量畜禽粪便，造成环境污染事件等问题日趋严重性来看，就应当划归强制性审核范围。所以，应当设定一个强制性审核范围，而且要树立"区别对待、鼓励参与、坚持审核"的基本态度。

强制性审核的界定可以参考本书第三章中表3-2、表3-3、表3-4、表3-5等规定的养殖规模划分标准，凡是属于一级规模（大型）的养殖企业（场）必须进行强制性审核，属于二级规模（中型）的养殖企业（场）鼓励自愿性审核，对于三级规模（小型）的养殖场（户）可暂不实行审核。

各地区可以依据当地畜禽养殖业的发展规模与密集程度，依据当地环境保护的紧迫性等因素设定自己的审核范围。

3. 畜牧业清洁生产审核的标准　畜牧业审核的标准应当依据清洁生产评价的指标体系，遵守《清洁生产审核办法》的有关规定，参考其他行业的审核要求来制定。

这里，我们把畜牧业清洁生产的水平也分为三级阶段性指标体系：

一级代表国际清洁生产先进水平；

二级代表国内清洁生产先进水平；

三级代表国内清洁生产基本水平（或称一般水平）。

当然，实际评价过程中，审核养殖企业的清洁生产水平还需要行业的认同和推广。

第二节　畜牧业清洁生产审核的程序与方法

一、畜牧业清洁生产审核的基本程序

（一）畜牧业清洁生产审核对象

图9-1是效仿工业清洁生产评价的八方面全过程控制的思路图。正如前文评价原则所述，畜牧业清洁生产审核也必须是全过程的，应当在审核养殖场实际生产中全面贯彻清洁生产理念。其实，在每个环节都可能存在问题，都应是审核的对象，那么审核过程也就是"查问题来源、找产生原因、提改进方案"的过程。

从图9-1可以看出，整个生产过程产生的废弃物除了部分回流使用外，大部分是要排出场外的，这是造成环境问题的主要方面。在畜牧业清洁生产的审核中，建议把重点放在过程审核的废弃物产生与处理方式及其技术应用上。

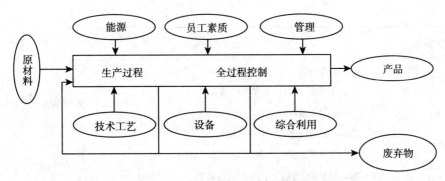

图 9-1　清洁生产审核环节图

另外，畜牧业的生产对象是畜禽，但畜禽同时也是"生产者"，在审核时，还应当注意养殖生产的流程（即畜禽流转）特点，不同的养殖方式和畜禽流转方式，要求审核的重点也就不同。

（二）畜牧业清洁生产审核基本程序

国家清洁生产中心开发了我国的清洁生产审核程序，共 7 个阶段、35 个步骤。鉴于养殖场（企业）的行业特点，以及实际开展清洁审核的工作难度，可以按照下述程序进行审核工作（表 9-1）。

无论是哪种审核，都是要以继续推进清洁生产水平提高为目的，因此审核无止境。

表 9-1　养殖场清洁生产审核工作程序与内容

审核程序	审核工作内容	特别要求
1. 前期准备	(1) 确定审核性质（政府强制或自愿申请） (2) 组建审核小组（领导、专家、工作人员等） (3) 制订工作计划（确定时间、内容、方法、资料准备等）	克服审核障碍
2. 预审核	(1) 养殖场现场调研（现状、污染源情况等） (2) 生产工艺流程及有关技术应用 (3) 确定审核的重点内容和目标 (4) 提出和实施无/低费生产技术方案	按照生产评价的内容和指标
3. 审核	(1) 核查养殖场的生产记录（资源、能源、饲料、产出） (2) 分产前、产中、产后的重点环节进行 (3) 分析废弃物产生的环节与原因 (4) 实测生产投入和物流情况 (5) 继续提出和实施无/低费生产技术方案	重点是畜禽粪便的处理方法和排放形式
4. 建议改进的方案产生与确定	(1) 筛选建议方案 (2) 制定建议方案 (3) 继续无/低费方案 (4) 可推介方案的评估与实施	建议方案应当符合养殖场的实际条件

（续）

审核程序	审核工作内容	特别要求
5. 建议方案实施与评价	(1) 组织实施方案 (2) 汇总已实施的无/低费方案的成果 (3) 验证已经实施的高/中费方案的成果 (4) 总结已实施的建议方案对养殖场的影响	比较分析重点用数据
6. 持续清洁生产	(1) 建立并完善畜牧业清洁生产的组织和制度 (2) 制定养殖场清洁生产的持续进行计划	完成审核报告

注：参照张庭青，沈国平，刘志强．清洁生产理论与实践［M］．北京：化学工业出版社，2012：114。

二、畜牧业清洁生产审核的方法

1. 逐步深入法　就是对于问题的探讨要由粗到细、由大到小、由易到难，这种方法完全符合认识论的逻辑。如在预审阶段接触的问题就比较简单，一些问题只是定性的了解，在审核阶段还要进行深入研究，进行量化分析。坚持这种方法就会对问题穷追不舍，直至解决。

2. 分层嵌入法　该方法提供了分析问题的层次性、系统性的方法。养殖过程本身就是一个以畜禽生长发育为基础的连续生产过程，如对于污染物的来源问题，就应当嵌入到产前、产中和产后的各个环节中，不能有一个漏洞。实际操作中可以列表细细对照。换句话就是问题在哪里、原因就在哪里、克服的办法也就在哪里。

3. 反复迭代法　其实审核的程序已经说明了审核工作的反复性。可以说要反复使用分层嵌入法。比如饲料消耗问题，审核初期，第一层次就是找出会在哪里产生？第二层次就是为什么会产生？第三层次就是在各个环节寻找问题根源和杜绝的措施，这就是审核后期提出的减少饲料消耗的方案。这个方案显然包括饲料储运的保障、饲养员的操作规范、饲槽的科学设计、饲喂时间的准时把握（畜禽本身不要浪费）、配方设计的可口等方面。

4. 物料守恒法　这也是清洁生产审核的主要原理之一。依据物料守恒原理，某个环节（系统）进入的物料量和最后流出该环节（系统）的物料量是守恒一致的。利用这个方法可以分析养殖生产过程的劳动效率、生长效率等。当然，对于养殖来讲，动物生长过程中一部分是以能量散发的形式浪费掉了一定的饲料（能量），所以，在做养殖效率比较时可以用当时行业基本发展水平进行衡量为宜。

无论哪种方法，只要坚持具体问题具体分析，就能全面地发现问题、科学地提出解决问题的方法。

第三节　畜牧业清洁生产审核的实施

一、审核准备

这是审核的第一阶段工作。该阶段的工作就是要使得审核者和被审核者之间明确责任，统一认识，加强领导，使得审核工作顺利进行。

1. 审核性质界定　我们一般提倡养殖企业自己提出审核申请，请求一些专家就本养殖场的清洁生产情况进行详细的技术审核与技术指导。这样工作的主动性较好，容易配合。如果是强制性的审核，则需要行业主管部门提前做好预备工作。

2. 组建领导小组　这个小组的组长一般由养殖场的领导担任，主要是便于一般生产的组织管理和人员调动；同时对于养殖场的整个情况了解全面，便于同专家们进行沟通。其他成员的选择主要应有如下的条件：第一是具备清洁生产审核的知识和工作经验；第二是掌握养殖业的基本知识、工厂化养殖的生产工艺以及管理等方面的知识和信息；第三是熟悉国家有关清洁生产的政策和法规、特别是畜禽粪便的处理标准、要求等；第四是具有组织和宣传的能力和经验。

3. 制订计划、明确任务　在人员确定、审核对象和性质确定后，领导小组需要制订一个切实可行的行动计划，以便明确各自的任务和需要完成的目标。建议把各种任务制作成审核工作进度表（即事项—时间—负责人进度表）。一般在工作宣传时就可以告知全体人员（包括养殖场内所有工作人员）整个审核工作的流程和任务，以便大家及时配合。

二、预审核

该阶段的工作目的就是通过对养殖场全貌的调查了解，发现清洁生产的初步问题和进行改进的机会和潜力，并且能够确定未来审核的重点。从预审阶段就可以依据清洁生产的评价内容进行。

1. 养殖场现状调查

（1）养殖场概况：主要是全面了解外围环境条件，如区域环境自然条件、水文地理资源、气象因素、地形地貌等。这些因素往往决定养殖场的发展潜力，以及畜禽粪便的处理前景。

（2）养殖场内部的生产情况：这里主要是了解养殖方式和生产流程，明确养殖场内部能源、水资源、饲料供给等情况。同时了解养殖设备的使用情况，尤其是清洁设备的应用情况。

（3）养殖场废弃物的处理：畜禽粪便是主要的废弃物，也是最大的污染源。通过调查了解基本的处理方式、技术手段、废弃物出场的途径和形式等。在此重点了解养殖场本身存在的问题，是否达到国家允许的排放标准。

（4）企业的经营管理情况：对于养殖场原料采购和储存、日常饲养管理、畜产品出场等环节均有所了解，为将来的经营核算打下基础。

2. 确定审核的重点任务　依据第二章设定的产前、产中和产后的八个目标层进行问题搜索，最后确定出重点审核的问题并进行列表（表9-2）。为此，工作的原则是：第一，设定污染严重的生产环节；第二，设定耗能较大的环节；第三，设定对外界影响较大的环节；第四，设定有明显清洁机会改进的环节。

表9-2　某养殖场预审核的重点项目汇总表（样表）

生产阶段	主要审核内容		现在的水平与问题	费用（万元/年）	拟改进意见	备注
	目标层	指标层				
产前	自然环境评价	1. 电力供给				
		2. 水资源供给				
		3. 养殖场占地面积				
		4. 附近养殖量				
		5. 本地优质饲料供给				
	养殖场设计建设评价	1. 建筑系数				
		2. 绿化率				
		3. 采光、通风				
		4. 设计科学性				
产中	饲料饲喂技术	1. 饲料供给数量				
		2. 饲料浪费率				
		3. 饲喂设施（槽、罐、塔）				
	粪便处理技术	1. 粪便产量				
		2. 出粪形式				
		3. 废水利用				
		4. 废水排除合格率				
	…	……				
产后	…					
	…	……				

注：目标层和指标层参照第八章相关内容。

3. 提出无/低费方案　对于上述分析，可以在改进措施中设定一些目标。另外，依据实际生产可以提出一个"无/低费方案"，一般包括生产的全过程。这个方案一般是采用座谈、咨询、现场观察等，及时建议、及时改进、及时总结，但以不影响正常生产秩序为准。

表9-3是一个无/低费方案样表，具体审核时可以参考。

表9-3　无/低费方案（样表）

序号	生产环节与原因	改进意见举例
1	资源供给	（1）在采购周期内，降低饲料库存，减少浪费和资金压力
		（2）加强环境优化宣传，防止外界影响
2	饲料饲喂技术	（1）改进运料和拌料方法
		（2）改进母猪饲槽
		（3）要求饲养人员做好实际用料记录

（续）

序号	生产环节与原因	改进意见举例
3	养殖设备运行	（1）及时检查储料库和贮料塔的安全情况 （2）及时检查通风、降温、采光设备的运行情况 （3）及时关闭停不必要的用电设备，形成制度
4	防疫措施	（1）场区关键部位做好防疫宣传警示牌 （2）医疗垃圾及时处理
5	粪便管理	（1）堆粪场地要有隔离墙或沟 （2）污水处理要及时 （3）粪便肥料化水平要提高
6	日常管理	（1）改用干扫地法为湿拖地法，减少扬尘 （2）加强岗位责任制落实 （3）强化技术操作规范
7	员工管理	（1）清洁生产和环保意识培训 （2）提高员工伙食标准 （3）活跃员工业余生活（电视、棋牌室等）

注：参照张庭青，沈国平，刘志强．清洁生产理论与实践［M］．北京：化学工业出版社，2012：119。

三、审核

本阶段是审核的关键环节，是在要审核的基础上，通过全生产流程的物流平衡分析与评估，发现物料流失的环节，找出废弃物产生的原因，对照与国内外先进水平的差距，为清洁生产方案的产生提供依据。

1. 收集基础资料　本节主要是以数据为主，进行实际的物料核算、标准对比、技术界定和经济核算。基础资料见表9-4。

表9-4　某养殖场审核重点资料

序号	资料类型	资料内容
1	生产流程资料	（1）养殖场内的生产流程图（便于物流计算） （2）各生产环节的饲养数量与说明 （3）场内的平面设计图 （4）主要饲养车间的平面图（设备等）
2	废弃物处理资料	（1）粪便处理技术方法与设计图 （2）粪便与废水出场和排放年度记录 （3）废弃物（粪、水、臭气）分析报告 （4）排污费用（年度环保收取费用） （5）废弃物处理设施运行和维护费

（续）

序号	资料类型	资料内容
3	能源、水、饲料等日常管理资料	（1）年度生产报表 （2）饲料消耗统计表（分畜舍或养殖车间） （3）资源消耗（电、水、药品） （4）分车间成本费用报告
4	国内外行业的发展资料	（1）国内外养殖行业饲料报酬（养殖水平不同） （2）国内外养殖行业粪便处理以及废水排放情况 （3）列出、比较本场的实际水平

2. 编制生产流程图　养殖场的生产流程依据养殖对象以及养殖方式而有所不同。以自繁自养的年出栏 10 000 头商品猪的规模化养猪场为例，其生产流程如图 9-2 所示。

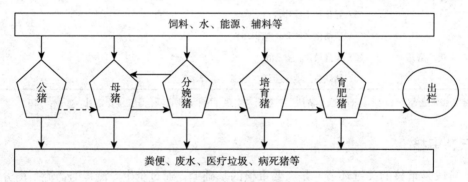

图 9-2　养猪场生产流程图

在生产流程下可以有生产说明、操作规程等（此处省略）。

3. 实测物料的流入和流出　可以在上述图中标出各环节的物料流入和流出数据，并给予说明。理论上，物料衡算符合基本守恒原理。对于养殖场而言（图 9-2），每个畜群（舍）可以成为一个独立单元，那么实际养殖量、原料、能源等的输入和实际的产出就形成一个衡算单元。

4. 分析废弃物产生原因　一般可以从图 9-1 的八大方面进行分析，也可以化整为零就养殖场的具体饲养环节进行各个养殖舍的分析，这样可能更实际、更准确，对其他环节和部门相对影响要少得多。因为每个环节都有一个"资源—工艺—设备—控制—废弃物—管理—产品—员工"的问题，在审核时可以按照实际的情况进行选择。

5. 提出和实施无/低费方案　针对审核重点，依据废弃物产生的原因分析，提出并实施无/低费方案。同时，对于无/低费方案采取边审核边实施的原则。

四、实施方案的产生和筛选

本阶段的目的是通过方案的产生、筛选和研究，为下阶段实施清洁生产方案做准备。一般在无/低费方案的基础上，经过筛选确定出两个以上高/中费方案，为下一个阶段实施方案的确定提供依据。

1. 方案的产生 方案应当在充分调查基础上多方吸取大家（数位专家）的意见，甚至养殖场全体人员讨论提出。每个方案都应当有备忘说明，展示各自的理由。

2. 方案筛选 对于不同方案应当从五个方面进行比较：第一是技术可行性；第二是环境效应；第三是经济效益；第四是难易程度；第五是对养殖场生产和畜产品的影响。当然，这几个方面可以采用不同权重，然后进行比较筛选。

3. 无/低费方案的实施和效果分析 从预审核到现在，该方案应当有一个基本的总结，对它的投资、时间、运行费用以及经济效果和环境效应进行全面的评估。

五、高/中费方案的确定

这个过程可以同上述方案筛选过程一起进行，分开论述只是特别强调本项目实施之前还需要进行更全面的评估。

1. 行业发展趋势评估 养殖业是一个基础行业，是以动物本身的生长发育为基础的物质转化过程。人类只是在不断改进动物生活的环境条件，保护其少得疾病，让其愉悦地为人类造福。清洁生产本身是为了人类的环境和食品资源设想的。所谓行业的发展趋势无非是围绕畜禽的其他因素的变化，即有关技术的运用而已。所以，无论哪个方案，从经营的角度看，都应当注意这些发展趋势。

2. 技术评估 技术评估就是对已经确定的方案中的技术运用提出评价，主要包括技术本身的先进性、可操作性、安全性和环保价值。

3. 环境评估 主要是分析方案对环境的影响，包括：废弃物总量的变化，废弃物的成分变化，有无造成二次污染，新方案中对人员的健康保护如何，废弃物的处理与再利用问题。

4. 经济评估 这里的经济评估可以简约，也可以复杂。图9-3列举了一般经济效益评估的关系。

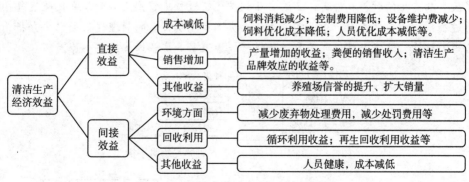

图9-3 养殖业清洁生产经济评估内容

六、方案实施

高/中费方案的实施需要一个过程，需要在前期大量工作的基础上扎实进行。第一，是有效的重视和组织；第二，是及时总结方案的效果；第三，是总结方案对养殖企业的影响。

七、持续清洁生产

就是要建立清洁生产的长效机制。明确目标，分解任务，专人负责，持续支持，及时改进，应当是我们推行清洁生产的原则，也是审核的最终目标。

八、养殖场审核案例

本节将以赵琳（2012）的陕西某养殖企业的清洁生产审核物料平衡算法为例，简要说明养殖场审核的过程。

【基本情况】 陕西某牧业公司拥有种猪场 1 个，实际总存栏 9 800 头；饲料加工厂 1 个，生产猪用全价料、浓缩料等共计十几个品种，其中年产猪用全价料 38 500 吨、猪用浓缩饲料 11 500 吨。该企业饲料生产线采用新型自动配料一体化生产技术，生产系统较为先进，单位污染物的排放量低于国家标准，产能指标属先进水平；猪场生产是生猪自然繁育生产的过程，主要废弃物是猪粪和尿液。该企业的饲料生产厂工艺技术先进，废弃物产生量少，而种猪场清洁生产机会大。

【排污环节分析与措施】 该企业排放的废弃物主要为猪粪、猪尿、生产废水和企业自备锅炉产生的大气污染物。目前，该企业将猪粪作为优质有机肥提供给周边农户使用，废水进入自建的三口沼气池发酵，沼气供给区生活使用，沼渣免费供当地农民当肥料使用，但沼液浓度较高，会造成一定的污染。通过审核该企业的物料平衡和水平衡能够找到物料流失的环节，并找出废弃物产生的原因，进而可据此确定企业清洁生产审核的目标。该企业的物料平衡和水平衡如图 9-4、图 9-5 所示。

【原因分析】 由图 1 可看到，该企业在目前的生产技术水平下，2.6 千克配合饲料能够生产 1.0 千克体重商品肥育猪。由图 9-5 可看到，该企业目前每头生猪日排放水量为 18.5 升，工作人员人均生活污水排放量 30 升。结合该企业的物料、水平衡以及现场调查可知，该企业主要废弃物产生和排放的原因有以下几个方面：①生产过程技术工艺水平基本上决定了废弃物产生的数量和种类；②该企业锅炉运行过程中将产生部分二氧化硫废气；③生猪饲养过程中由于自然排泄产生一定量粪便、废水；④从目前的管理现状和水平分析，管理不够合理，缺乏清洁生产意识也是导致物料、能源浪费和废物增加的一个原因。

图 9-4 2010 年某牧业公司种猪场物料平衡

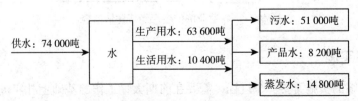

图 9-5 2010 年某牧业公司种猪场水平衡

【清洁生产目标】通过多种调查手段最终确定了该企业清洁生产的目标，如表9-5所示。

表9-5　某牧业公司清洁生产目标

现状及目标	废水排放量（吨/年）	化学需氧量（COD）排放（吨/年）
2009年现状	73 000	169.1
2010年目标（相对值/%）	65 700（10.00）	19.7（88.35）
2011年目标（相对值/%）	62 050（15.00）	18.6（89.00）

【方案的建立与实施】

（1）方案的建立及效益分析：根据该企业物料平衡和废弃物产生的原因，在广泛征集国内同行业先进技术和管理，征集原材料、工艺、设备、过程控制、产品改进、废弃物利用、管理和员工8个方面的清洁生产方案的基础上，结合企业及员工根据自身情况提出的合理化建议，从清洁生产方案技术可行性、环境效益、经济效益和实施难易程度等几方面请清洁生产专家和行业专家进行论证，最后，经分类、汇总后形成共计25个方案，其中有2个中或高费方案，23个无或低费方案。无或低费方案主要对企业整体生产过程，包括管理等方面按照清洁生产的理念进行生产和管理。无或低费方案共投入资金121万元，年产生效益约118万元。2个中或高费方案分别为畜禽养殖污水处理项目和畜禽养殖分辨的综合利用和处置项目。畜禽养殖污水处理项目主要处理企业内部产生的生产和生活污水。该项目建成后，COD将从4 750毫克/升降到310毫克/升，年减少COD排放大约3 241吨，水的循环利用率可从87%提高到95%。由此可见，该项目能够减少局部区域病原菌、病毒传播的危害，净化企业生产、生活环境，同时改善当地土壤，实现养殖企业废弃物的资源化、减量化和无害化，促进养殖企业循环经济的发展，并进一步增强该区域农业的可持续发展能力。该项目的经济效益主要是从降低环境污染从而有效降低生猪死亡率的角度出发，根据计算结果，该项目年直接经济效益可达120万元，是非常具有潜力的清洁生产方案。畜禽养殖粪便的综合利用和处置项目采用好氧发酵工艺过程，污泥中的有机物在好氧微生物的作用下转化为富含植物营养素的腐殖质，使污泥达到减量化、稳定化、无害化和资源化的目的。该项目产生的有机肥在保持和提高土壤肥力的效果上远高于化肥，同时并不会像化肥一样对环境产生严重影响。生产的有机肥是无公害蔬菜生产过程中最有效的肥料。除去有机肥的生产成本，年产生效益40万元左右。

（2）方案的实施：该牧业公司自开展清洁生产工作以来，在企业内部收到了自上而下的重视，使得清洁生产审核得到了顺利开展。至目前，23个无或低费方案已经实施了22项，实施率达95%。中或高费方案中，畜禽养殖污水处理设施项目已开始运行，畜禽养殖粪便的综合利用和处置项目正在实施之中。该企业目前清洁生产目标的完成情况如表9-6所示。

表 9-6 某牧业公司清洁生产目标完成情况

实施情况	废水排放量（吨/年）	化学需氧量（COD）排放（吨/年）
清洁生产前	73 000	169.10
清洁生产后	59 000	19.49
排放量减少率（%）	19.18	88.47

（3）对策建议：①需要在养殖企业中加大节能减排的宣传，改变目前养殖企业缺乏污染治理措施的现象，使得清洁生产的观念不仅深入到企业的管理层，同时也包括各个岗位的员工。这样做能够使清洁生产的思想不但贯穿到企业整体的生产过程之中，更能够让员工从自身的岗位做起，为企业及周边环境的可持续发展做出贡献。②畜牧业的环境污染主要是畜禽的粪便，而这些废弃物对种植业而言是非常好的肥料，因此，如何综合利用这些废弃物使其变废为宝是决策者应思考的问题。

【注】 编者对原文设定了小标题。原文只给定了一些审核结果，没有完全展现审核的全过程，一些基础数据无法看到。因此，建议作为正式审核时还是按部就班为好。

第四节 畜牧业清洁生产审核报告编制

对于规模化养殖场或企业而言，要完成整个清洁生产全过程的审核工作，需要非常严肃而细致的工作。除了按照上述的审核程序和要求，在选择恰当的方法进行审核之后，应当及时总结阶段性和全面性的审核意见。所以，编制畜牧业清洁生产的审核报告就十分必要。

一、报告的种类

1. 阶段性审核报告 就是在全程审核的基本观念下，对于重点环节或者是在部分"无/低费方案"已经实施的情况下，对于前期审核、审核的总体方案等工作进行的一个总结报告。所以，这个报告也称为中期报告。该报告应当提出前期工作存在的问题，成功的经验，特别是为下阶段深入审核打下很好的基础。

2. 全面性审核报告 该报告是在本期审核工作全部结束后进行的全面总结报告。该报告的目的是对本期审核中的各项调查分析、实际测定数据、清洁生产技术的评估以及各种改进方案的实施情况等全面汇总，为养殖场或企业进一步建立和完善清洁生产的新理念、新机制服务。

二、报告的基本要求

审核报告既是养殖场或企业推行清洁生产工作的实际展现，也是审核者（政府或机构）对本期审核工作的总结。因此，报告必须反映养殖场或企业清洁生产的全部工作内容，要求文字简练、数据有源、方法得当、分析正确、结论明确、便于审查。同时，对于一些重要环节的分析和审核可以单独出具报告，一些技术分析也可以进行专题性报告。

三、审核报告书的基本内容

（一）前言
（二）企业概况
1. 企业性质与组织结构
2. 基本经营情况
（三）审核准备
1. 审核小组
2. 工作计划（时间、人员、进程、宣传等）
（四）预审核
1. 企业生产现状（养殖规模、方式、流程等）
2. 近三年的生产情况（能源、饲料使用；生产效率等指标；粪便、废水等处理情况）
3. 主要生产设备投资（资源优化设备、流程优化设备、环保设备等）
4. 废弃物处理情况（产生种类、数量、处理方式、排放指标、环评反馈）
5. 问题汇总（标准对比、指标确定、方法探讨）
6. 确定审核重点（问题引导、工作配合、明确目标）
7. 提出无/低费方案（初步简单易行的改进方案，并实施）
（五）审核
1. 重点审核（内容说明、工作进展）
2. 流程分析（养殖流程分析、主要环节物料衡算）
3. 废弃物产生与分析（种类、能耗、原因；对比近三年生产情况等）
4. 分析无/低费方案的执行情况（对比物料衡算等方法）
（六）新清洁生产方案的筛选
1. 方案产生（广泛征集、方案汇总）
2. 方案筛选（科学对比、可行性研究）
（七）方案确定
1. 技术评估（推行费用、操作难易）
2. 环保评估（指标体系、环境分析）
3. 效益评估（指标、方法、估测）
（八）方案实施
1. 前期已经进行项目的评估（无/低方案的实施、其他方案的实施）
2. 拟定新方案的实施效果评估（计划、资金、评估方法、指标体系、效果影响）
3. 全部方案实施评估（汇总全部方案实施的结果、评估对企业的影响）
（九）意见——持续清洁生产
1. 建立清洁生产的组织结构
2. 建立和完善清洁生产的有关制度
3. 建立持续清洁生产的计划
（十）结语

附　　录

一、中华人民共和国清洁生产促进法

（2002 年 6 月 29 日第九届全国人民代表大会常务委员会第二十八次会议通过。根据 2012 年 2 月 29 日第十一届全国人民代表大会常务委员会第二十五次会议《关于修改〈中华人民共和国清洁生产促进法〉的决定》修正。自 2012 年 7 月 1 日起施行）

第一章　总　　则

第一条　为了促进清洁生产，提高资源利用效率，减少和避免污染物的产生，保护和改善环境，保障人体健康，促进经济与社会可持续发展，制定本法。

第二条　本法所称清洁生产，是指不断采取改进设计、使用清洁的能源和原料、采用先进的工艺技术与设备、改善管理、综合利用等措施，从源头削减污染，提高资源利用效率，减少或者避免生产、服务和产品使用过程中污染物的产生和排放，以减轻或者消除对人类健康和环境的危害。

第三条　在中华人民共和国领域内，从事生产和服务活动的单位以及从事相关管理活动的部门依照本法规定，组织、实施清洁生产。

第四条　国家鼓励和促进清洁生产。国务院和县级以上地方人民政府，应当将清洁生产促进工作纳入国民经济和社会发展规划、年度计划以及环境保护、资源利用、产业发展、区域开发等规划。

第五条　国务院清洁生产综合协调部门负责组织、协调全国的清洁生产促进工作。国务院环境保护、工业、科学技术、财政部门和其他有关部门，按照各自的职责，负责有关的清洁生产促进工作。

县级以上地方人民政府负责领导本行政区域内的清洁生产促进工作。县级以上地方人民政府确定的清洁生产综合协调部门负责组织、协调本行政区域内的清洁生产促进工作。县级以上地方人民政府其他有关部门，按照各自的职责，负责有关的清洁生产促进工作。

第六条　国家鼓励开展有关清洁生产的科学研究、技术开发和国际合作，组织宣传、普及清洁生产知识，推广清洁生产技术。

国家鼓励社会团体和公众参与清洁生产的宣传、教育、推广、实施及监督。

第二章　清洁生产的推行

第七条　国务院应当制定有利于实施清洁生产的财政税收政策。

国务院及其有关部门和省、自治区、直辖市人民政府，应当制定有利于实施清洁生产的产业政策、技术开发和推广政策。

第八条　国务院清洁生产综合协调部门会同国务院环境保护、工业、科学技术部门和其他有关部门，根据国民经济和社会发展规划及国家节约资源、降低能源消耗、减少重点污染物排放的要求，编制国家清洁生产推行规划，报经国务院批准后及时公布。

国家清洁生产推行规划应当包括：推行清洁生产的目标、主要任务和保障措施，按照资源能源消耗、污染物排放水平确定开展清洁生产的重点领域、重点行业和重点工程。

国务院有关行业主管部门根据国家清洁生产推行规划确定本行业清洁生产的重点项目，制定行业专项清洁生产推行规划并组织实施。

县级以上地方人民政府根据国家清洁生产推行规划、有关行业专项清洁生产推行规划，按照本地区节约资源、降低能源消耗、减少重点污染物排放的要求，确定本地区清洁生产的重点项目，制定推行清洁生产的实施规划并组织落实。

第九条　中央预算应当加强对清洁生产促进工作的资金投入，包括中央财政清洁生产专项资金和中央预算安排的其他清洁生产资金，用于支持国家清洁生产推行规划确定的重点领域、重点行业、重点工程实施清洁生产及其技术推广工作，以及生态脆弱地区实施清洁生产的项目。中央预算用于支持清洁生产促进工作的资金使用的具体办法，由国务院财政部门、清洁生产综合协调部门会同国务院有关部门制定。

县级以上地方人民政府应当统筹地方财政安排的清洁生产促进工作的资金，引导社会资金，支持清洁生产重点项目。

第十条　国务院和省、自治区、直辖市人民政府的有关部门，应当组织和支持建立促进清洁生产信息系统和技术咨询服务体系，向社会提供有关清洁生产方法和技术、可再生利用的废物供求以及清洁生产政策等方面的信息和服务。

第十一条　国务院清洁生产综合协调部门会同国务院环境保护、工业、科学技术、建设、农业等有关部门定期发布清洁生产技术、工艺、设备和产品导向目录。

国务院清洁生产综合协调部门、环境保护部门和省、自治区、直辖市人民政府负责清洁生产综合协调的部门、环境保护部门会同同级有关部门，组织编制重点行业或者地区的清洁生产指南，指导实施清洁生产。

第十二条　国家对浪费资源和严重污染环境的落后生产技术、工艺、设备和产品实行限期淘汰制度。国务院有关部门按照职责分工，制定并发布限期淘汰的生产技术、工艺、设备以及产品的名录。

第十三条　国务院有关部门可以根据需要批准设立节能、节水、废物再生利用等环境与资源保护方面的产品标志，并按照国家规定制定相应标准。

第十四条　县级以上人民政府科学技术部门和其他有关部门，应当指导和支持清洁生产技术和有利于环境与资源保护的产品的研究、开发以及清洁生产技术的示范和推广工作。

第十五条　国务院教育部门，应当将清洁生产技术和管理课程纳入有关高等教育、职业教育和技术培训体系。

县级以上人民政府有关部门组织开展清洁生产的宣传和培训，提高国家工作人员、企业经营管理者和公众的清洁生产意识，培养清洁生产管理和技术人员。

新闻出版、广播影视、文化等单位和有关社会团体，应当发挥各自优势做好清洁生产宣传工作。

第十六条 各级人民政府应当优先采购节能、节水、废物再生利用等有利于环境与资源保护的产品。

各级人民政府应当通过宣传、教育等措施，鼓励公众购买和使用节能、节水、废物再生利用等有利于环境与资源保护的产品。

第十七条 省、自治区、直辖市人民政府负责清洁生产综合协调的部门、环境保护部门，根据促进清洁生产工作的需要，在本地区主要媒体上公布未达到能源消耗控制指标、重点污染物排放控制指标的企业的名单，为公众监督企业实施清洁生产提供依据。

列入前款规定名单的企业，应当按照国务院清洁生产综合协调部门、环境保护部门的规定公布能源消耗或者重点污染物产生、排放情况，接受公众监督。

第三章 清洁生产的实施

第十八条 新建、改建和扩建项目应当进行环境影响评价，对原料使用、资源消耗、资源综合利用以及污染物产生与处置等进行分析论证，优先采用资源利用率高以及污染物产生量少的清洁生产技术、工艺和设备。

第十九条 企业在进行技术改造过程中，应当采取以下清洁生产措施：

（一）采用无毒、无害或者低毒、低害的原料，替代毒性大、危害严重的原料；

（二）采用资源利用率高、污染物产生量少的工艺和设备，替代资源利用率低、污染物产生量多的工艺和设备；

（三）对生产过程中产生的废物、废水和余热等进行综合利用或者循环使用；

（四）采用能够达到国家或者地方规定的污染物排放标准和污染物排放总量控制指标的污染防治技术。

第二十条 产品和包装物的设计，应当考虑其在生命周期中对人类健康和环境的影响，优先选择无毒、无害、易于降解或者便于回收利用的方案。

企业对产品的包装应当合理，包装的材质、结构和成本应当与内装产品的质量、规格和成本相适应，减少包装性废物的产生，不得进行过度包装。

第二十一条 生产大型机电设备、机动运输工具以及国务院工业部门指定的其他产品的企业，应当按照国务院标准化部门或者其授权机构制定的技术规范，在产品的主体构件上注明材料成分的标准牌号。

第二十二条 农业生产者应当科学地使用化肥、农药、农用薄膜和饲料添加剂，改进种植和养殖技术，实现农产品的优质、无害和农业生产废物的资源化，防止农业环境污染。

禁止将有毒、有害废物用作肥料或者用于造田。

第二十三条 餐饮、娱乐、宾馆等服务性企业，应当采用节能、节水和其他有利于环境保护的技术和设备，减少使用或者不使用浪费资源、污染环境的消费品。

第二十四条 建筑工程应当采用节能、节水等有利于环境与资源保护的建筑设计方案、建筑和装修材料、建筑构配件及设备。

建筑和装修材料必须符合国家标准。禁止生产、销售和使用有毒、有害物质超过国家标准的建筑和装修材料。

第二十五条　矿产资源的勘查、开采，应当采用有利于合理利用资源、保护环境和防止污染的勘查、开采方法和工艺技术，提高资源利用水平。

第二十六条　企业应当在经济技术可行的条件下对生产和服务过程中产生的废物、余热等自行回收利用或者转让给有条件的其他企业和个人利用。

第二十七条　企业应当对生产和服务过程中的资源消耗以及废物的产生情况进行监测，并根据需要对生产和服务实施清洁生产审核。

有下列情形之一的企业，应当实施强制性清洁生产审核：

（一）污染物排放超过国家或者地方规定的排放标准，或者虽未超过国家或者地方规定的排放标准，但超过重点污染物排放总量控制指标的；

（二）超过单位产品能源消耗限额标准构成高耗能的；

（三）使用有毒、有害原料进行生产或者在生产中排放有毒、有害物质的。

污染物排放超过国家或者地方规定的排放标准的企业，应当按照环境保护相关法律的规定治理。

实施强制性清洁生产审核的企业，应当将审核结果向所在地县级以上地方人民政府负责清洁生产综合协调的部门、环境保护部门报告，并在本地区主要媒体上公布，接受公众监督，但涉及商业秘密的除外。

县级以上地方人民政府有关部门应当对企业实施强制性清洁生产审核的情况进行监督，必要时可以组织对企业实施清洁生产的效果进行评估验收，所需费用纳入同级政府预算。承担评估验收工作的部门或者单位不得向被评估验收企业收取费用。

实施清洁生产审核的具体办法，由国务院清洁生产综合协调部门、环境保护部门会同国务院有关部门制定。

第二十八条　本法第二十七条第二款规定以外的企业，可以自愿与清洁生产综合协调部门和环境保护部门签订进一步节约资源、削减污染物排放量的协议。该清洁生产综合协调部门和环境保护部门应当在本地区主要媒体上公布该企业的名称以及节约资源、防治污染的成果。

第二十九条　企业可以根据自愿原则，按照国家有关环境管理体系等认证的规定，委托经国务院认证认可监督管理部门认可的认证机构进行认证，提高清洁生产水平。

第四章　鼓励措施

第三十条　国家建立清洁生产表彰奖励制度。对在清洁生产工作中做出显著成绩的单位和个人，由人民政府给予表彰和奖励。

第三十一条　对从事清洁生产研究、示范和培训，实施国家清洁生产重点技术改造项目和本法第二十八条规定的自愿节约资源、削减污染物排放量协议中载明的技术改造项目，由县级以上人民政府给予资金支持。

第三十二条　在依照国家规定设立的中小企业发展基金中，应当根据需要安排适当数额用于支持中小企业实施清洁生产。

第三十三条 依法利用废物和从废物中回收原料生产产品的,按照国家规定享受税收优惠。

第三十四条 企业用于清洁生产审核和培训的费用,可以列入企业经营成本。

第五章 法律责任

第三十五条 清洁生产综合协调部门或者其他有关部门未依照本法规定履行职责的,对直接负责的主管人员和其他直接责任人员依法给予处分。

第三十六条 违反本法第十七条第二款规定,未按照规定公布能源消耗或者重点污染物产生、排放情况的,由县级以上地方人民政府负责清洁生产综合协调的部门、环境保护部门按照职责分工责令公布,可以处十万元以下的罚款。

第三十七条 违反本法第二十一条规定,未标注产品材料的成分或者不如实标注的,由县级以上地方人民政府质量技术监督部门责令限期改正;拒不改正的,处以五万元以下的罚款。

第三十八条 违反本法第二十四条第二款规定,生产、销售有毒、有害物质超过国家标准的建筑和装修材料的,依照产品质量法和有关民事、刑事法律的规定,追究行政、民事、刑事法律责任。

第三十九条 违反本法第二十七条第二款、第四款规定,不实施强制性清洁生产审核或者在清洁生产审核中弄虚作假的,或者实施强制性清洁生产审核的企业不报告或者不如实报告审核结果的,由县级以上地方人民政府负责清洁生产综合协调的部门、环境保护部门按照职责分工责令限期改正;拒不改正的,处以五万元以上五十万元以下的罚款。

违反本法第二十七条第五款规定,承担评估验收工作的部门或者单位及其工作人员向被评估验收企业收取费用的,不如实评估验收或者在评估验收中弄虚作假的,或者利用职务上的便利谋取利益的,对直接负责的主管人员和其他直接责任人员依法给予处分;构成犯罪的,依法追究刑事责任。

第六章 附　　则

第四十条 本法自 2003 年 1 月 1 日起实施。

二、清洁生产审核办法

中华人民共和国国家发展和改革委员会、
中华人民共和国环境保护部令第 38 号

为落实《中华人民共和国清洁生产促进法》(2012 年),进一步规范清洁生产审核程序,更好地指导地方和企业开展清洁生产审核,我们对《清洁生产审核暂行办法》进行了修订。现将修订后的《清洁生产审核办法》予以发布,并于 2016 年 7 月 1 日起正式实施,2004 年 8 月 16 日颁布的《清洁生产审核暂行办法》(国家发展和改革委员会、原国家环境保护总局第 16 号令）同时废止。

国家发展和改革委员会主任　徐绍史

环境保护部部长　陈吉宁

二〇一六年五月十六日

清洁生产审核办法

第一章　总　则

第一条　为促进清洁生产，规范清洁生产审核行为，根据《中华人民共和国清洁生产促进法》，制定本办法。

第二条　本办法所称清洁生产审核，是指按照一定程序，对生产和服务过程进行调查和诊断，找出能耗高、物耗高、污染重的原因，提出降低能耗、物耗、废物产生以及减少有毒有害物料的使用、产生和废弃物资源化利用的方案，进而选定并实施技术经济及环境可行的清洁生产方案的过程。

第三条　本办法适用于中华人民共和国领域内所有从事生产和服务活动的单位以及从事相关管理活动的部门。

第四条　国家发展和改革委员会会同环境保护部负责全国清洁生产审核的组织、协调、指导和监督工作。县级以上地方人民政府确定的清洁生产综合协调部门会同环境保护主管部门、管理节能工作的部门（以下简称"节能主管部门"）和其他有关部门，根据本地区实际情况，组织开展清洁生产审核。

第五条　清洁生产审核应当以企业为主体，遵循企业自愿审核与国家强制审核相结合、企业自主审核与外部协助审核相结合的原则，因地制宜、有序开展、注重实效。

第二章　清洁生产审核范围

第六条　清洁生产审核分为自愿性审核和强制性审核。

第七条　国家鼓励企业自愿开展清洁生产审核。本办法第八条规定以外的企业，可以自愿组织实施清洁生产审核。

第八条　有下列情形之一的企业，应当实施强制性清洁生产审核：

（一）污染物排放超过国家或者地方规定的排放标准，或者虽未超过国家或者地方规定的排放标准，但超过重点污染物排放总量控制指标的；

（二）超过单位产品能源消耗限额标准构成高耗能的；

（三）使用有毒有害原料进行生产或者在生产中排放有毒有害物质的。

其中有毒有害原料或物质包括以下几类：

第一类，危险废物。包括列入《国家危险废物名录》的危险废物，以及根据国家规定的危险废物鉴别标准和鉴别方法认定的具有危险特性的废物。

第二类，剧毒化学品、列入《重点环境管理危险化学品目录》的化学品，以及含有上述化学品的物质。

第三类，含有铅、汞、镉、铬等重金属和类金属砷的物质。

第四类，《关于持久性有机污染物的斯德哥尔摩公约》附件所列物质。

第五类，其他具有毒性、可能污染环境的物质。

第三章　清洁生产审核的实施

第九条　本办法第八条第（一）款、第（三）款规定实施强制性清洁生产审核的企业名单，由所在地县级以上环境保护主管部门按照管理权限提出，逐级报省级环境保护主管部门核定后确定，根据属地原则书面通知企业，并抄送同级清洁生产综合协调部门和行业管理部门。

本办法第八条第（二）款规定实施强制性清洁生产审核的企业名单，由所在地县级以上节能主管部门按照管理权限提出，逐级报省级节能主管部门核定后确定，根据属地原则书面通知企业，并抄送同级清洁生产综合协调部门和行业管理部门。

第十条　各省级环境保护主管部门、节能主管部门应当按照各自职责，分别汇总提出应当实施强制性清洁生产审核的企业单位名单，由清洁生产综合协调部门会同环境保护主管部门或节能主管部门，在官方网站或采取其他便于公众知晓的方式分期分批发布。

第十一条　实施强制性清洁生产审核的企业，应当在名单公布后一个月内，在当地主要媒体、企业官方网站或采取其他便于公众知晓的方式公布企业相关信息。

（一）本办法第八条第（一）款规定实施强制性清洁生产审核的企业，公布的主要信息包括：企业名称、法人代表、企业所在地址、排放污染物名称、排放方式、排放浓度和总量、超标及超总量情况。

（二）本办法第八条第（二）款规定实施强制性清洁生产审核的企业，公布的主要信息包括：企业名称、法人代表、企业所在地址、主要能源品种及消耗量、单位产值能耗、单位产品能耗、超过单位产品能耗限额标准情况。

（三）本办法第八条第（三）款规定实施强制性清洁生产审核的企业，公布的主要信息包括：企业名称、法人代表、企业所在地址、使用有毒有害原料的名称、数量、用途，排放有毒有害物质的名称、浓度和数量，危险废物的产生和处置情况，依法落实环境风险防控措施情况等。

（四）符合本办法第八条两款以上情况的企业，应当参照上述要求同时公布相关信息。

企业应对其公布信息的真实性负责。

第十二条　列入实施强制性清洁生产审核名单的企业应当在名单公布后两个月内开展清洁生产审核。

本办法第八条第（三）款规定实施强制性清洁生产审核的企业，两次清洁生产审核的间隔时间不得超过五年。

第十三条　自愿实施清洁生产审核的企业可参照强制性清洁生产审核的程序开展审核。

第十四条　清洁生产审核程序原则上包括审核准备、预审核、审核、方案的产生和筛选、方案的确定、方案的实施、持续清洁生产等。

第四章　清洁生产审核的组织和管理

第十五条　清洁生产审核以企业自行组织开展为主。实施强制性清洁生产审核的企业，如果自行独立组织开展清洁生产审核，应具备本办法第十六条第（二）款、第（三）款的条件。

不具备独立开展清洁生产审核能力的企业，可以聘请外部专家或委托具备相应能力的咨询服务机构协助开展清洁生产审核。

第十六条　协助企业组织开展清洁生产审核工作的咨询服务机构，应当具备下列条件：

（一）具有独立法人资格，具备为企业清洁生产审核提供公平、公正和高效率服务的质量保证体系和管理制度。

（二）具备开展清洁生产审核物料平衡测试、能量和水平衡测试的基本检测分析器具、设备或手段。

（三）拥有熟悉相关行业生产工艺、技术规程和节能、节水、污染防治管理要求的技术人员。

（四）拥有掌握清洁生产审核方法并具有清洁生产审核咨询经验的技术人员。

第十七条　列入本办法第八条第（一）款和第（三）款规定实施强制性清洁生产审核的企业，应当在名单公布之日起一年内，完成本轮清洁生产审核并将清洁生产审核报告报当地县级以上环境保护主管部门和清洁生产综合协调部门。

列入第八条第（二）款规定实施强制性清洁生产审核的企业，应当在名单公布之日起一年内，完成本轮清洁生产审核并将清洁生产审核报告报当地县级以上节能主管部门和清洁生产综合协调部门。

第十八条　县级以上清洁生产综合协调部门应当会同环境保护主管部门、节能主管部门，对企业实施强制性清洁生产审核的情况进行监督，督促企业按进度开展清洁生产审核。

第十九条　有关部门以及咨询服务机构应当为实施清洁生产审核的企业保守技术和商业秘密。

第二十条　县级以上环境保护主管部门或节能主管部门，应当在各自的职责范围内组织清洁生产专家或委托相关单位，对以下企业实施清洁生产审核的效果进行评估验收：

（一）国家考核的规划、行动计划中明确指出需要开展强制性清洁生产审核工作的企业。

（二）申请各级清洁生产、节能减排等财政资金的企业。

上述涉及本办法第八条第（一）款、第（三）款规定实施强制性清洁生产审核企业的评估验收工作由县级以上环境保护主管部门牵头，涉及本办法第八条第（二）款规定实施强制性清洁生产审核企业的评估验收工作由县级以上节能主管部门牵头。

第二十一条　对企业实施清洁生产审核评估的重点是对企业清洁生产审核过程的真实性、清洁生产审核报告的规范性、清洁生产方案的合理性和有效性进行评估。

第二十二条　对企业实施清洁生产审核的效果进行验收，应当包括以下主要内容：

（一）企业实施完成清洁生产方案后，污染减排、能源资源利用效率、工艺装备控制、产品和服务等改进效果，环境、经济效益是否达到预期目标。

（二）按照清洁生产评价指标体系，对企业清洁生产水平进行评定。

第二十三条 对本办法第二十条中企业实施清洁生产审核效果的评估验收，所需费用由组织评估验收的部门报请地方政府纳入预算。承担评估验收工作的部门或者单位不得向被评估验收企业收取费用。

第二十四条 自愿实施清洁生产审核的企业如需评估验收，可参照强制性清洁生产审核的相关条款执行。

第二十五条 清洁生产审核评估验收的结果可作为落后产能界定等工作的参考依据。

第二十六条 县级以上清洁生产综合协调部门会同环境保护主管部门、节能主管部门，应当每年定期向上一级清洁生产综合协调部门和环境保护主管部门、节能主管部门报送辖区内企业开展清洁生产审核情况、评估验收工作情况。

第二十七条 国家发展和改革委员会、环境保护部会同相关部门建立国家级清洁生产专家库，发布行业清洁生产评价指标体系、重点行业清洁生产审核指南，组织开展清洁生产培训，为企业开展清洁生产审核提供信息和技术支持。

各级清洁生产综合协调部门会同环境保护主管部门、节能主管部门可以根据本地实际情况，组织开展清洁生产培训，建立地方清洁生产专家库。

第五章　奖励和处罚

第二十八条 对自愿实施清洁生产审核，以及清洁生产方案实施后成效显著的企业，由省级清洁生产综合协调部门和环境保护主管部门、节能主管部门对其进行表彰，并在当地主要媒体上公布。

第二十九条 各级清洁生产综合协调部门及其他有关部门在制定实施国家重点投资计划和地方投资计划时，应当将企业清洁生产实施方案中的提高能源资源利用效率、预防污染、综合利用等清洁生产项目列为重点领域，加大投资支持力度。

第三十条 排污费资金可以用于支持企业实施清洁生产。对符合《排污费征收使用管理条例》规定的清洁生产项目，各级财政部门、环境保护部门在排污费使用上优先给予安排。

第三十一条 企业开展清洁生产审核和培训的费用，允许列入企业经营成本或者相关费用科目。

第三十二条 企业可以根据实际情况建立企业内部清洁生产表彰奖励制度，对清洁生产审核工作中成效显著的人员给予奖励。

第三十三条 对本办法第八条规定实施强制性清洁生产审核的企业，违反本办法第十一条规定的，按照《中华人民共和国清洁生产促进法》第三十六条规定处罚。

第三十四条 违反本办法第八条、第十七条规定，不实施强制性清洁生产审核或在审核中弄虚作假的，或者实施强制性清洁生产审核的企业不报告或者不如实报告审核结果的，按照《中华人民共和国清洁生产促进法》第三十九条规定处罚。

第三十五条 企业委托的咨询服务机构不按照规定内容、程序进行清洁生产审核，弄虚作假、提供虚假审核报告的，由省、自治区、直辖市、计划单列市及新疆生产建设兵团清洁生产综合协调部门会同环境保护主管部门或节能主管部门责令其改正，并公布其名单。造成严重后果的，追究其法律责任。

第三十六条　对违反本办法相关规定受到处罚的企业或咨询服务机构，由省级清洁生产综合协调部门和环境保护主管部门、节能主管部门建立信用记录，归集至全国信用信息共享平台，会同其他有关部门和单位实行联合惩戒。

第三十七条　有关部门的工作人员玩忽职守，泄露企业技术和商业秘密，造成企业经济损失的，按照国家相应法律法规予以处罚。

第六章　附　则

第三十八条　本办法由国家发展和改革委员会和环境保护部负责解释。

第三十九条　各省、自治区、直辖市、计划单列市及新疆生产建设兵团可以依照本办法制定实施细则。

第四十条　本办法自 2016 年 7 月 1 日起施行。原《清洁生产审核暂行办法》（国家发展和改革委员会、国家环境保护总局令第 16 号）同时废止。

三、中华人民共和国动物防疫法

（1997 年 7 月 3 日第八届全国人民代表大会常务委员会
第二十六次会议通过，2007 年 8 月 30 日第十届全国人民
代表大会常务委员会第二十九次会议修订）

第一章　总　则

第一条　为了加强对动物防疫活动的管理，预防、控制和扑灭动物疫病，促进养殖业发展，保护人体健康，维护公共卫生安全，制定本法。

第二条　本法适用于在中华人民共和国领域内的动物防疫及其监督管理活动。

进出境动物、动物产品的检疫，适用《中华人民共和国进出境动植物检疫法》。

第三条　本法所称动物，是指家畜家禽和人工饲养、合法捕获的其他动物。

本法所称动物产品，是指动物的肉、生皮、原毛、绒、脏器、脂、血液、精液、卵、胚胎、骨、蹄、头、角、筋以及可能传播动物疫病的奶、蛋等。

本法所称动物疫病，是指动物传染病、寄生虫病。

本法所称动物防疫，是指动物疫病的预防、控制、扑灭和动物、动物产品的检疫。

第四条　根据动物疫病对养殖业生产和人体健康的危害程度，本法规定管理的动物疫病分为下列三类：

（一）一类疫病，是指对人与动物危害严重，需要采取紧急、严厉的强制预防、控制、扑灭等措施的；

（二）二类疫病，是指可能造成重大经济损失，需要采取严格控制、扑灭等措施，防

止扩散的；

（三）三类疫病，是指常见多发、可能造成重大经济损失，需要控制和净化的。

前款一、二、三类动物疫病具体病种名录由国务院兽医主管部门制定并公布。

第五条 国家对动物疫病实行预防为主的方针。

第六条 县级以上人民政府应当加强对动物防疫工作的统一领导，加强基层动物防疫队伍建设，建立健全动物防疫体系，制定并组织实施动物疫病防治规划。

乡级人民政府、城市街道办事处应当组织群众协助做好本管辖区域内的动物疫病预防与控制工作。

第七条 国务院兽医主管部门主管全国的动物防疫工作。

县级以上地方人民政府兽医主管部门主管本行政区域内的动物防疫工作。

县级以上人民政府其他部门在各自的职责范围内做好动物防疫工作。

军队和武装警察部队动物卫生监督职能部门分别负责军队和武装警察部队现役动物及饲养自用动物的防疫工作。

第八条 县级以上地方人民政府设立的动物卫生监督机构依照本法规定，负责动物、动物产品的检疫工作和其他有关动物防疫的监督管理执法工作。

第九条 县级以上人民政府按照国务院的规定，根据统筹规划、合理布局、综合设置的原则建立动物疫病预防控制机构，承担动物疫病的监测、检测、诊断、流行病学调查、疫情报告以及其他预防、控制等技术工作。

第十条 国家支持和鼓励开展动物疫病的科学研究以及国际合作与交流，推广先进适用的科学研究成果，普及动物防疫科学知识，提高动物疫病防治的科学技术水平。

第十一条 对在动物防疫工作、动物防疫科学研究中做出成绩和贡献的单位和个人，各级人民政府及有关部门给予奖励。

第二章　动物疫病的预防

第十二条 国务院兽医主管部门对动物疫病状况进行风险评估，根据评估结果制定相应的动物疫病预防、控制措施。

国务院兽医主管部门根据国内外动物疫情和保护养殖业生产及人体健康的需要，及时制定并公布动物疫病预防、控制技术规范。

第十三条 国家对严重危害养殖业生产和人体健康的动物疫病实施强制免疫。国务院兽医主管部门确定强制免疫的动物疫病病种和区域，并会同国务院有关部门制定国家动物疫病强制免疫计划。

省、自治区、直辖市人民政府兽医主管部门根据国家动物疫病强制免疫计划，制订本行政区域的强制免疫计划；并可以根据本行政区域内动物疫病流行情况增加实施强制免疫的动物疫病病种和区域，报本级人民政府批准后执行，并报国务院兽医主管部门备案。

第十四条 县级以上地方人民政府兽医主管部门组织实施动物疫病强制免疫计划。乡级人民政府、城市街道办事处应当组织本管辖区域内饲养动物的单位和个人做好强制免疫工作。

饲养动物的单位和个人应当依法履行动物疫病强制免疫义务，按照兽医主管部门的要求做好强制免疫工作。

经强制免疫的动物，应当按照国务院兽医主管部门的规定建立免疫档案，加施畜禽标识，实施可追溯管理。

第十五条 县级以上人民政府应当建立健全动物疫情监测网络，加强动物疫情监测。

国务院兽医主管部门应当制定国家动物疫病监测计划。省、自治区、直辖市人民政府兽医主管部门应当根据国家动物疫病监测计划，制定本行政区域的动物疫病监测计划。

动物疫病预防控制机构应当按照国务院兽医主管部门的规定，对动物疫病的发生、流行等情况进行监测；从事动物饲养、屠宰、经营、隔离、运输以及动物产品生产、经营、加工、贮藏等活动的单位和个人不得拒绝或者阻碍。

第十六条 国务院兽医主管部门和省、自治区、直辖市人民政府兽医主管部门应当根据对动物疫病发生、流行趋势的预测，及时发出动物疫情预警。地方各级人民政府接到动物疫情预警后，应当采取相应的预防、控制措施。

第十七条 从事动物饲养、屠宰、经营、隔离、运输以及动物产品生产、经营、加工、贮藏等活动的单位和个人，应当依照本法和国务院兽医主管部门的规定，做好免疫、消毒等动物疫病预防工作。

第十八条 种用、乳用动物和宠物应当符合国务院兽医主管部门规定的健康标准。

种用、乳用动物应当接受动物疫病预防控制机构的定期检测；检测不合格的，应当按照国务院兽医主管部门的规定予以处理。

第十九条 动物饲养场（养殖小区）和隔离场所，动物屠宰加工场所，以及动物和动物产品无害化处理场所，应当符合下列动物防疫条件：

（一）场所的位置与居民生活区、生活饮用水源地、学校、医院等公共场所的距离符合国务院兽医主管部门规定的标准；

（二）生产区封闭隔离，工程设计和工艺流程符合动物防疫要求；

（三）有相应的污水、污物、病死动物、染疫动物产品的无害化处理设施设备和清洗消毒设施设备；

（四）有为其服务的动物防疫技术人员；

（五）有完善的动物防疫制度；

（六）具备国务院兽医主管部门规定的其他动物防疫条件。

第二十条 兴办动物饲养场（养殖小区）和隔离场所，动物屠宰加工场所，以及动物和动物产品无害化处理场所，应当向县级以上地方人民政府兽医主管部门提出申请，并附具相关材料。受理申请的兽医主管部门应当依照本法和《中华人民共和国行政许可法》的规定进行审查。经审查合格的，发给动物防疫条件合格证；不合格的，应当通知申请人并说明理由。需要办理工商登记的，申请人凭动物防疫条件合格证向工商行政管理部门申请办理登记注册手续。

动物防疫条件合格证应当载明申请人的名称、场（厂）址等事项。

经营动物、动物产品的集贸市场应当具备国务院兽医主管部门规定的动物防疫条件，并接受动物卫生监督机构的监督检查。

第二十一条 动物、动物产品的运载工具、垫料、包装物、容器等应当符合国务院兽医主管部门规定的动物防疫要求。

染疫动物及其排泄物、染疫动物产品，病死或者死因不明的动物尸体，运载工具中的动物排泄物以及垫料、包装物、容器等污染物，应当按照国务院兽医主管部门的规定处理，不得随意处置。

第二十二条 采集、保存、运输动物病料或者病原微生物以及从事病原微生物研究、教学、检测、诊断等活动，应当遵守国家有关病原微生物实验室管理的规定。

第二十三条 患有人畜共患传染病的人员不得直接从事动物诊疗以及易感染动物的饲养、屠宰、经营、隔离、运输等活动。

人畜共患传染病名录由国务院兽医主管部门会同国务院卫生主管部门制定并公布。

第二十四条 国家对动物疫病实行区域化管理，逐步建立无规定动物疫病区。无规定动物疫病区应当符合国务院兽医主管部门规定的标准，经国务院兽医主管部门验收合格予以公布。

本法所称无规定动物疫病区，是指具有天然屏障或者采取人工措施，在一定期限内没有发生规定的一种或者几种动物疫病，并经验收合格的区域。

第二十五条 禁止屠宰、经营、运输下列动物和生产、经营、加工、贮藏、运输下列动物产品：

（一）封锁疫区内与所发生动物疫病有关的；

（二）疫区内易感染的；

（三）依法应当检疫而未经检疫或者检疫不合格的；

（四）染疫或者疑似染疫的；

（五）病死或者死因不明的；

（六）其他不符合国务院兽医主管部门有关动物防疫规定的。

第三章　动物疫情的报告、通报和公布

第二十六条 从事动物疫情监测、检验检疫、疫病研究与诊疗以及动物饲养、屠宰、经营、隔离、运输等活动的单位和个人，发现动物染疫或者疑似染疫的，应当立即向当地兽医主管部门、动物卫生监督机构或者动物疫病预防控制机构报告，并采取隔离等控制措施，防止动物疫情扩散。其他单位和个人发现动物染疫或者疑似染疫的，应当及时报告。

接到动物疫情报告的单位，应当及时采取必要的控制处理措施，并按照国家规定的程序上报。

第二十七条 动物疫情由县级以上人民政府兽医主管部门认定；其中重大动物疫情由省、自治区、直辖市人民政府兽医主管部门认定，必要时报国务院兽医主管部门认定。

第二十八条 国务院兽医主管部门应当及时向国务院有关部门和军队有关部门以及省、自治区、直辖市人民政府兽医主管部门通报重大动物疫情的发生和处理情况；发生人畜共患传染病的，县级以上人民政府兽医主管部门与同级卫生主管部门应当及时相互通报。

国务院兽医主管部门应当依照我国缔结或者参加的条约、协定，及时向有关国际组织或者贸易方通报重大动物疫情的发生和处理情况。

第二十九条　国务院兽医主管部门负责向社会及时公布全国动物疫情，也可以根据需要授权省、自治区、直辖市人民政府兽医主管部门公布本行政区域内的动物疫情。其他单位和个人不得发布动物疫情。

第三十条　任何单位和个人不得瞒报、谎报、迟报、漏报动物疫情，不得授意他人瞒报、谎报、迟报动物疫情，不得阻碍他人报告动物疫情。

第四章　动物疫病的控制和扑灭

第三十一条　发生一类动物疫病时，应当采取下列控制和扑灭措施：

（一）当地县级以上地方人民政府兽医主管部门应当立即派人到现场，划定疫点、疫区、受威胁区，调查疫源，及时报请本级人民政府对疫区实行封锁。疫区范围涉及两个以上行政区域的，由有关行政区域共同的上一级人民政府对疫区实行封锁，或者由各有关行政区域的上一级人民政府共同对疫区实行封锁。必要时，上级人民政府可以责成下级人民政府对疫区实行封锁。

（二）县级以上地方人民政府应当立即组织有关部门和单位采取封锁、隔离、扑杀、销毁、消毒、无害化处理、紧急免疫接种等强制性措施，迅速扑灭疫病。

（三）在封锁期间，禁止染疫、疑似染疫和易感染的动物、动物产品流出疫区，禁止非疫区的易感染动物进入疫区，并根据扑灭动物疫病的需要对出入疫区的人员、运输工具及有关物品采取消毒和其他限制性措施。

第三十二条　发生二类动物疫病时，应当采取下列控制和扑灭措施：

（一）当地县级以上地方人民政府兽医主管部门应当划定疫点、疫区、受威胁区。

（二）县级以上地方人民政府根据需要组织有关部门和单位采取隔离、扑杀、销毁、消毒、无害化处理、紧急免疫接种、限制易感染的动物和动物产品及有关物品出入等控制、扑灭措施。

第三十三条　疫点、疫区、受威胁区的撤销和疫区封锁的解除，按照国务院兽医主管部门规定的标准和程序评估后，由原决定机关决定并宣布。

第三十四条　发生三类动物疫病时，当地县级、乡级人民政府应当按照国务院兽医主管部门的规定组织防治和净化。

第三十五条　二、三类动物疫病呈暴发性流行时，按照一类动物疫病处理。

第三十六条　为控制、扑灭动物疫病，动物卫生监督机构应当派人在当地依法设立的现有检查站执行监督检查任务；必要时，经省、自治区、直辖市人民政府批准，可以设立临时性的动物卫生监督检查站，执行监督检查任务。

第三十七条　发生人畜共患传染病时，卫生主管部门应当组织对疫区易感染的人群进行监测，并采取相应的预防、控制措施。

第三十八条　疫区内有关单位和个人，应当遵守县级以上人民政府及其兽医主管部门依法做出的有关控制、扑灭动物疫病的规定。

任何单位和个人不得藏匿、转移、盗掘已被依法隔离、封存、处理的动物和动物产品。

第三十九条　发生动物疫情时，航空、铁路、公路、水路等运输部门应当优先组织运送控制、扑灭疫病的人员和有关物资。

第四十条 一、二、三类动物疫病突然发生，迅速传播，给养殖业生产安全造成严重威胁、危害，以及可能对公众身体健康与生命安全造成危害，构成重大动物疫情的，依照法律和国务院的规定采取应急处理措施。

第五章 动物和动物产品的检疫

第四十一条 动物卫生监督机构依照本法和国务院兽医主管部门的规定对动物、动物产品实施检疫。

动物卫生监督机构的官方兽医具体实施动物、动物产品检疫。官方兽医应当具备规定的资格条件，取得国务院兽医主管部门颁发的资格证书，具体办法由国务院兽医主管部门会同国务院人事行政部门制定。

本法所称官方兽医，是指具备规定的资格条件并经兽医主管部门任命的，负责出具检疫等证明的国家兽医工作人员。

第四十二条 屠宰、出售或者运输动物以及出售或者运输动物产品前，货主应当按照国务院兽医主管部门的规定向当地动物卫生监督机构申报检疫。

动物卫生监督机构接到检疫申报后，应当及时指派官方兽医对动物、动物产品实施现场检疫；检疫合格的，出具检疫证明、加施检疫标志。实施现场检疫的官方兽医应当在检疫证明、检疫标志上签字或者盖章，并对检疫结论负责。

第四十三条 屠宰、经营、运输以及参加展览、演出和比赛的动物，应当附有检疫证明；经营和运输的动物产品，应当附有检疫证明、检疫标志。

对前款规定的动物、动物产品，动物卫生监督机构可以查验检疫证明、检疫标志，进行监督抽查，但不得重复检疫收费。

第四十四条 经铁路、公路、水路、航空运输动物和动物产品的，托运人托运时应当提供检疫证明；没有检疫证明的，承运人不得承运。

运载工具在装载前和卸载后应当及时清洗、消毒。

第四十五条 输入到无规定动物疫病区的动物、动物产品，货主应当按照国务院兽医主管部门的规定向无规定动物疫病区所在地动物卫生监督机构申报检疫，经检疫合格的，方可进入；检疫所需费用纳入无规定动物疫病区所在地地方人民政府财政预算。

第四十六条 跨省、自治区、直辖市引进乳用动物、种用动物及其精液、胚胎、种蛋的，应当向输入地省、自治区、直辖市动物卫生监督机构申请办理审批手续，并依照本法第四十二条的规定取得检疫证明。

跨省、自治区、直辖市引进的乳用动物、种用动物到达输入地后，货主应当按照国务院兽医主管部门的规定对引进的乳用动物、种用动物进行隔离观察。

第四十七条 人工捕获的可能传播动物疫病的野生动物，应当报经捕获地动物卫生监督机构检疫，经检疫合格的，方可饲养、经营和运输。

第四十八条 经检疫不合格的动物、动物产品，货主应当在动物卫生监督机构监督下按照国务院兽医主管部门的规定处理，处理费用由货主承担。

第四十九条 依法进行检疫需要收取费用的，其项目和标准由国务院财政部门、物价主管部门规定。

第六章　动物诊疗

第五十条　从事动物诊疗活动的机构，应当具备下列条件：

（一）有与动物诊疗活动相适应并符合动物防疫条件的场所；

（二）有与动物诊疗活动相适应的执业兽医；

（三）有与动物诊疗活动相适应的兽医器械和设备；

（四）有完善的管理制度。

第五十一条　设立从事动物诊疗活动的机构，应当向县级以上地方人民政府兽医主管部门申请动物诊疗许可证。受理申请的兽医主管部门应当依照本法和《中华人民共和国行政许可法》的规定进行审查。经审查合格的，发给动物诊疗许可证；不合格的，应当通知申请人并说明理由。申请人凭动物诊疗许可证向工商行政管理部门申请办理登记注册手续，取得营业执照后，方可从事动物诊疗活动。

第五十二条　动物诊疗许可证应当载明诊疗机构名称、诊疗活动范围、从业地点和法定代表人（负责人）等事项。

动物诊疗许可证载明事项变更的，应当申请变更或者换发动物诊疗许可证，并依法办理工商变更登记手续。

第五十三条　动物诊疗机构应当按照国务院兽医主管部门的规定，做好诊疗活动中的卫生安全防护、消毒、隔离和诊疗废弃物处置等工作。

第五十四条　国家实行执业兽医资格考试制度。具有兽医相关专业大学专科以上学历的，可以申请参加执业兽医资格考试；考试合格的，由国务院兽医主管部门颁发执业兽医资格证书；从事动物诊疗的，还应当向当地县级人民政府兽医主管部门申请注册。执业兽医资格考试和注册办法由国务院兽医主管部门商国务院人事行政部门制定。

本法所称执业兽医，是指从事动物诊疗和动物保健等经营活动的兽医。

第五十五条　经注册的执业兽医，方可从事动物诊疗、开具兽药处方等活动。但是，本法第五十七条对乡村兽医服务人员另有规定的，从其规定。

执业兽医、乡村兽医服务人员应当按照当地人民政府或者兽医主管部门的要求，参加预防、控制和扑灭动物疫病的活动。

第五十六条　从事动物诊疗活动，应当遵守有关动物诊疗的操作技术规范，使用符合国家规定的兽药和兽医器械。

第五十七条　乡村兽医服务人员可以在乡村从事动物诊疗服务活动，具体管理办法由国务院兽医主管部门制定。

第七章　监督管理

第五十八条　动物卫生监督机构依照本法规定，对动物饲养、屠宰、经营、隔离、运输以及动物产品生产、经营、加工、贮藏、运输等活动中的动物防疫实施监督管理。

第五十九条　动物卫生监督机构执行监督检查任务，可以采取下列措施，有关单位和个人不得拒绝或者阻碍：

（一）对动物、动物产品按照规定采样、留验、抽检；

（二）对染疫或者疑似染疫的动物、动物产品及相关物品进行隔离、查封、扣押和处理；

（三）对依法应当检疫而未经检疫的动物实施补检；

（四）对依法应当检疫而未经检疫的动物产品，具备补检条件的实施补检，不具备补检条件的予以没收销毁；

（五）查验检疫证明、检疫标志和畜禽标识；

（六）进入有关场所调查取证，查阅、复制与动物防疫有关的资料。

动物卫生监督机构根据动物疫病预防、控制需要，经当地县级以上地方人民政府批准，可以在车站、港口、机场等相关场所派驻官方兽医。

第六十条　官方兽医执行动物防疫监督检查任务，应当出示行政执法证件，佩带统一标志。

动物卫生监督机构及其工作人员不得从事与动物防疫有关的经营性活动，进行监督检查不得收取任何费用。

第六十一条　禁止转让、伪造或者变造检疫证明、检疫标志或者畜禽标识。

检疫证明、检疫标志的管理办法，由国务院兽医主管部门制定。

第八章　保障措施

第六十二条　县级以上人民政府应当将动物防疫纳入本级国民经济和社会发展规划及年度计划。

第六十三条　县级人民政府和乡级人民政府应当采取有效措施，加强村级防疫员队伍建设。

县级人民政府兽医主管部门可以根据动物防疫工作需要，向乡、镇或者特定区域派驻兽医机构。

第六十四条　县级以上人民政府按照本级政府职责，将动物疫病预防、控制、扑灭、检疫和监督管理所需经费纳入本级财政预算。

第六十五条　县级以上人民政府应当储备动物疫情应急处理工作所需的防疫物资。

第六十六条　对在动物疫病预防和控制、扑灭过程中强制扑杀的动物、销毁的动物产品和相关物品，县级以上人民政府应当给予补偿。具体补偿标准和办法由国务院财政部门会同有关部门制定。

因依法实施强制免疫造成动物应激死亡的，给予补偿。具体补偿标准和办法由国务院财政部门会同有关部门制定。

第六十七条　对从事动物疫病预防、检疫、监督检查、现场处理疫情以及在工作中接触动物疫病病原体的人员，有关单位应当按照国家规定采取有效的卫生防护措施和医疗保健措施。

第九章　法律责任

第六十八条　地方各级人民政府及其工作人员未依照本法规定履行职责的，对直接负责的主管人员和其他直接责任人员依法给予处分。

第六十九条　县级以上人民政府兽医主管部门及其工作人员违反本法规定，有下列行为之一的，由本级人民政府责令改正，通报批评；对直接负责的主管人员和其他直接责任人员依法给予处分：

（一）未及时采取预防、控制、扑灭等措施的；

（二）对不符合条件的颁发动物防疫条件合格证、动物诊疗许可证，或者对符合条件的拒不颁发动物防疫条件合格证、动物诊疗许可证的；

（三）其他未依照本法规定履行职责的行为。

第七十条　动物卫生监督机构及其工作人员违反本法规定，有下列行为之一的，由本级人民政府或者兽医主管部门责令改正，通报批评；对直接负责的主管人员和其他直接责任人员依法给予处分：

（一）对未经现场检疫或者检疫不合格的动物、动物产品出具检疫证明、加施检疫标志，或者对检疫合格的动物、动物产品拒不出具检疫证明、加施检疫标志的；

（二）对附有检疫证明、检疫标志的动物、动物产品重复检疫的；

（三）从事与动物防疫有关的经营性活动，或者在国务院财政部门、物价主管部门规定外加收费用、重复收费的；

（四）其他未依照本法规定履行职责的行为。

第七十一条　动物疫病预防控制机构及其工作人员违反本法规定，有下列行为之一的，由本级人民政府或者兽医主管部门责令改正，通报批评；对直接负责的主管人员和其他直接责任人员依法给予处分：

（一）未履行动物疫病监测、检测职责或者伪造监测、检测结果的；

（二）发生动物疫情时未及时进行诊断、调查的；

（三）其他未依照本法规定履行职责的行为。

第七十二条　地方各级人民政府、有关部门及其工作人员瞒报、谎报、迟报、漏报或者授意他人瞒报、谎报、迟报动物疫情，或者阻碍他人报告动物疫情的，由上级人民政府或者有关部门责令改正，通报批评；对直接负责的主管人员和其他直接责任人员依法给予处分。

第七十三条　违反本法规定，有下列行为之一的，由动物卫生监督机构责令改正，给予警告；拒不改正的，由动物卫生监督机构代作处理，所需处理费用由违法行为人承担，可以处一千元以下罚款：

（一）对饲养的动物不按照动物疫病强制免疫计划进行免疫接种的；

（二）种用、乳用动物未经检测或者经检测不合格而不按照规定处理的；

（三）动物、动物产品的运载工具在装载前和卸载后没有及时清洗、消毒的。

第七十四条　违反本法规定，对经强制免疫的动物未按照国务院兽医主管部门规定建立免疫档案、加施畜禽标识的，依照《中华人民共和国畜牧法》的有关规定处罚。

第七十五条　违反本法规定，不按照国务院兽医主管部门规定处置染疫动物及其排泄物，染疫动物产品，病死或者死因不明的动物尸体，运载工具中的动物排泄物以及垫料、包装物、容器等污染物以及其他经检疫不合格的动物、动物产品的，由动物卫生监督机构责令无害化处理，所需处理费用由违法行为人承担，可以处三千元以下罚款。

第七十六条 违反本法第二十五条规定，屠宰、经营、运输动物或者生产、经营、加工、贮藏、运输动物产品的，由动物卫生监督机构责令改正、采取补救措施，没收违法所得和动物、动物产品，并处同类检疫合格动物、动物产品货值金额一倍以上五倍以下罚款；其中依法应当检疫而未检疫的，依照本法第七十八条的规定处罚。

第七十七条 违反本法规定，有下列行为之一的，由动物卫生监督机构责令改正，处一千元以上一万元以下罚款；情节严重的，处一万元以上十万元以下罚款：

（一）兴办动物饲养场（养殖小区）和隔离场所，动物屠宰加工场所，以及动物和动物产品无害化处理场所，未取得动物防疫条件合格证的；

（二）未办理审批手续，跨省、自治区、直辖市引进乳用动物、种用动物及其精液、胚胎、种蛋的；

（三）未经检疫，向无规定动物疫病区输入动物、动物产品的。

第七十八条 违反本法规定，屠宰、经营、运输的动物未附有检疫证明，经营和运输的动物产品未附有检疫证明、检疫标志的，由动物卫生监督机构责令改正，处同类检疫合格动物、动物产品货值金额百分之十以上百分之五十以下罚款；对货主以外的承运人处运输费用一倍以上三倍以下罚款。

违反本法规定，参加展览、演出和比赛的动物未附有检疫证明的，由动物卫生监督机构责令改正，处一千元以上三千元以下罚款。

第七十九条 违反本法规定，转让、伪造或者变造检疫证明、检疫标志或者畜禽标识的，由动物卫生监督机构没收违法所得，收缴检疫证明、检疫标志或者畜禽标识，并处三千元以上三万元以下罚款。

第八十条 违反本法规定，有下列行为之一的，由动物卫生监督机构责令改正，处一千元以上一万元以下罚款：

（一）不遵守县级以上人民政府及其兽医主管部门依法做出的有关控制、扑灭动物疫病规定的；

（二）藏匿、转移、盗掘已被依法隔离、封存、处理的动物和动物产品的；

（三）发布动物疫情的。

第八十一条 违反本法规定，未取得动物诊疗许可证从事动物诊疗活动的，由动物卫生监督机构责令停止诊疗活动，没收违法所得；违法所得在三万元以上的，并处违法所得一倍以上三倍以下罚款；没有违法所得或者违法所得不足三万元的，并处三千元以上三万元以下罚款。

动物诊疗机构违反本法规定，造成动物疫病扩散的，由动物卫生监督机构责令改正，处一万元以上五万元以下罚款；情节严重的，由发证机关吊销动物诊疗许可证。

第八十二条 违反本法规定，未经兽医执业注册从事动物诊疗活动的，由动物卫生监督机构责令停止动物诊疗活动，没收违法所得，并处一千元以上一万元以下罚款。

执业兽医有下列行为之一的，由动物卫生监督机构给予警告，责令暂停六个月以上一年以下动物诊疗活动；情节严重的，由发证机关吊销注册证书：

（一）违反有关动物诊疗的操作技术规范，造成或者可能造成动物疫病传播、流行的；

（二）使用不符合国家规定的兽药和兽医器械的；

（三）不按照当地人民政府或者兽医主管部门要求参加动物疫病预防、控制和扑灭活动的。

第八十三条　违反本法规定，从事动物疫病研究与诊疗和动物饲养、屠宰、经营、隔离、运输，以及动物产品生产、经营、加工、贮藏等活动的单位和个人，有下列行为之一的，由动物卫生监督机构责令改正；拒不改正的，对违法行为单位处一千元以上一万元以下罚款，对违法行为个人可以处五百元以下罚款：

（一）不履行动物疫情报告义务的；

（二）不如实提供与动物防疫活动有关资料的；

（三）拒绝动物卫生监督机构进行监督检查的；

（四）拒绝动物疫病预防控制机构进行动物疫病监测、检测的。

第八十四条　违反本法规定，构成犯罪的，依法追究刑事责任。

违反本法规定，导致动物疫病传播、流行等，给他人人身、财产造成损害的，依法承担民事责任。

第十章　附　　则

第八十五条　本法自 2008 年 1 月 1 日起施行。

四、畜禽规模养殖污染防治条例

（2013 年 10 月 8 日通过国务院常务会审议，同年 11 月 11 日由
李克强总理签署颁布，2014 年 1 月 1 日生效施行）

第一章　总　　则

第一条　为了防治畜禽养殖污染，推进畜禽养殖废弃物的综合利用和无害化处理，保护和改善环境，保障公众身体健康，促进畜牧业持续健康发展，制定本条例。

第二条　本条例适用于畜禽养殖场、养殖小区的养殖污染防治。

畜禽养殖场、养殖小区的规模标准根据畜牧业发展状况和畜禽养殖污染防治要求确定。

牧区放牧养殖污染防治，不适用本条例。

第三条　畜禽养殖污染防治，应当统筹考虑保护环境与促进畜牧业发展的需要，坚持预防为主、防治结合的原则，实行统筹规划、合理布局、综合利用、激励引导。

第四条　各级人民政府应当加强对畜禽养殖污染防治工作的组织领导，采取有效措施，加大资金投入，扶持畜禽养殖污染防治以及畜禽养殖废弃物综合利用。

第五条　县级以上人民政府环境保护主管部门负责畜禽养殖污染防治的统一监督管理。

县级以上人民政府农牧主管部门负责畜禽养殖废弃物综合利用的指导和服务。

县级以上人民政府循环经济发展综合管理部门负责畜禽养殖循环经济工作的组织协调。

县级以上人民政府其他有关部门依照本条例规定和各自职责，负责畜禽养殖污染防治相关工作。

乡镇人民政府应当协助有关部门做好本行政区域的畜禽养殖污染防治工作。

第六条 从事畜禽养殖以及畜禽养殖废弃物综合利用和无害化处理活动，应当符合国家有关畜禽养殖污染防治的要求，并依法接受有关主管部门的监督检查。

第七条 国家鼓励和支持畜禽养殖污染防治以及畜禽养殖废弃物综合利用和无害化处理的科学技术研究和装备研发。各级人民政府应当支持先进适用技术的推广，促进畜禽养殖污染防治水平的提高。

第八条 任何单位和个人对违反本条例规定的行为，有权向县级以上人民政府环境保护等有关部门举报。接到举报的部门应当及时调查处理。

对在畜禽养殖污染防治中作出突出贡献的单位和个人，按照国家有关规定给予表彰和奖励。

第二章 预 防

第九条 县级以上人民政府农牧主管部门编制畜牧业发展规划，报本级人民政府或者其授权的部门批准实施。畜牧业发展规划应当统筹考虑环境承载能力以及畜禽养殖污染防治要求，合理布局，科学确定畜禽养殖的品种、规模、总量。

第十条 县级以上人民政府环境保护主管部门会同农牧主管部门编制畜禽养殖污染防治规划，报本级人民政府或者其授权的部门批准实施。畜禽养殖污染防治规划应当与畜牧业发展规划相衔接，统筹考虑畜禽养殖生产布局，明确畜禽养殖污染防治目标、任务、重点区域，明确污染治理重点设施建设，以及废弃物综合利用等污染防治措施。

第十一条 禁止在下列区域内建设畜禽养殖场、养殖小区：

（一）饮用水水源保护区，风景名胜区；

（二）自然保护区的核心区和缓冲区；

（三）城镇居民区、文化教育科学研究区等人口集中区域；

（四）法律、法规规定的其他禁止养殖区域。

第十二条 新建、改建、扩建畜禽养殖场、养殖小区，应当符合畜牧业发展规划、畜禽养殖污染防治规划，满足动物防疫条件，并进行环境影响评价。对环境可能造成重大影响的大型畜禽养殖场、养殖小区，应当编制环境影响报告书；其他畜禽养殖场、养殖小区应当填报环境影响登记表。大型畜禽养殖场、养殖小区的管理目录，由国务院环境保护主管部门商国务院农牧主管部门确定。

环境影响评价的重点应当包括：畜禽养殖产生的废弃物种类和数量，废弃物综合利用和无害化处理方案和措施，废弃物的消纳和处理情况以及向环境直接排放的情况，最终可能对水体、土壤等环境和人体健康产生的影响以及控制和减少影响的方案和措施等。

第十三条 畜禽养殖场、养殖小区应当根据养殖规模和污染防治需要，建设相应的畜禽粪便、污水与雨水分流设施，畜禽粪便、污水的贮存设施，粪污厌氧消化和堆沤、有机肥加工、制取沼气、沼渣沼液分离和输送、污水处理、畜禽尸体处理等综合利用和无害化处理设施。已经委托他人对畜禽养殖废弃物代为综合利用和无害化处理的，可以不自行建设综合利用和无害化处理设施。

未建设污染防治配套设施、自行建设的配套设施不合格，或者未委托他人对畜禽养殖废弃物进行综合利用和无害化处理的，畜禽养殖场、养殖小区不得投入生产或者使用。

畜禽养殖场、养殖小区自行建设污染防治配套设施的，应当确保其正常运行。

第十四条　从事畜禽养殖活动，应当采取科学的饲养方式和废弃物处理工艺等有效措施，减少畜禽养殖废弃物的产生量和向环境的排放量。

第三章　综合利用与治理

第十五条　国家鼓励和支持采取粪肥还田、制取沼气、制造有机肥等方法，对畜禽养殖废弃物进行综合利用。

第十六条　国家鼓励和支持采取种植和养殖相结合的方式消纳利用畜禽养殖废弃物，促进畜禽粪便、污水等废弃物就地就近利用。

第十七条　国家鼓励和支持沼气制取、有机肥生产等废弃物综合利用以及沼渣沼液输送和施用、沼气发电等相关配套设施建设。

第十八条　将畜禽粪便、污水、沼渣、沼液等用作肥料的，应当与土地的消纳能力相适应，并采取有效措施，消除可能引起传染病的微生物，防止污染环境和传播疫病。

第十九条　从事畜禽养殖活动和畜禽养殖废弃物处理活动，应当及时对畜禽粪便、畜禽尸体、污水等进行收集、贮存、清运，防止恶臭和畜禽养殖废弃物渗出、泄漏。

第二十条　向环境排放经过处理的畜禽养殖废弃物，应当符合国家和地方规定的污染物排放标准和总量控制指标。畜禽养殖废弃物未经处理，不得直接向环境排放。

第二十一条　染疫畜禽以及染疫畜禽排泄物、染疫畜禽产品、病死或者死因不明的畜禽尸体等病害畜禽养殖废弃物，应当按照有关法律、法规和国务院农牧主管部门的规定，进行深埋、化制、焚烧等无害化处理，不得随意处置。

第二十二条　畜禽养殖场、养殖小区应当定期将畜禽养殖品种、规模以及畜禽养殖废弃物的产生、排放和综合利用等情况，报县级人民政府环境保护主管部门备案。环境保护主管部门应当定期将备案情况抄送同级农牧主管部门。

第二十三条　县级以上人民政府环境保护主管部门应当依据职责对畜禽养殖污染防治情况进行监督检查，并加强对畜禽养殖环境污染的监测。

乡镇人民政府、基层群众自治组织发现畜禽养殖环境污染行为的，应当及时制止和报告。

第二十四条　对污染严重的畜禽养殖密集区域，市、县人民政府应当制定综合整治方案，采取组织建设畜禽养殖废弃物综合利用和无害化处理设施、有计划搬迁或者关闭畜禽养殖场所等措施，对畜禽养殖污染进行治理。

第二十五条　因畜牧业发展规划、土地利用总体规划、城乡规划调整以及划定禁止养殖区域，或者因对污染严重的畜禽养殖密集区域进行综合整治，确需关闭或者搬迁现有畜禽养殖场所，致使畜禽养殖者遭受经济损失的，由县级以上地方人民政府依法予以补偿。

第四章 激励措施

第二十六条 县级以上人民政府应当采取示范奖励等措施，扶持规模化、标准化畜禽养殖，支持畜禽养殖场、养殖小区进行标准化改造和污染防治设施建设与改造，鼓励分散饲养向集约饲养方式转变。

第二十七条 县级以上地方人民政府在组织编制土地利用总体规划过程中，应当统筹安排，将规模化畜禽养殖用地纳入规划，落实养殖用地。

国家鼓励利用废弃地和荒山、荒沟、荒丘、荒滩等未利用地开展规模化、标准化畜禽养殖。

畜禽养殖用地按农用地管理，并按照国家有关规定确定生产设施用地和必要的污染防治等附属设施用地。

第二十八条 建设和改造畜禽养殖污染防治设施，可以按照国家规定申请包括污染治理贷款贴息补助在内的环境保护等相关资金支持。

第二十九条 进行畜禽养殖污染防治，从事利用畜禽养殖废弃物进行有机肥产品生产经营等畜禽养殖废弃物综合利用活动的，享受国家规定的相关税收优惠政策。

第三十条 利用畜禽养殖废弃物生产有机肥产品的，享受国家关于化肥运力安排等支持政策；购买使用有机肥产品的，享受不低于国家关于化肥的使用补贴等优惠政策。

畜禽养殖场、养殖小区的畜禽养殖污染防治设施运行用电执行农业用电价格。

第三十一条 国家鼓励和支持利用畜禽养殖废弃物进行沼气发电，自发自用、多余电量接入电网。电网企业应当依照法律和国家有关规定为沼气发电提供无歧视的电网接入服务，并全额收购其电网覆盖范围内符合并网技术标准的多余电量。

利用畜禽养殖废弃物进行沼气发电的，依法享受国家规定的上网电价优惠政策。利用畜禽养殖废弃物制取沼气或进而制取天然气的，依法享受新能源优惠政策。

第三十二条 地方各级人民政府可以根据本地区实际，对畜禽养殖场、养殖小区支出的建设项目环境影响咨询费用给予补助。

第三十三条 国家鼓励和支持对染疫畜禽、病死或者死因不明畜禽尸体进行集中无害化处理，并按照国家有关规定对处理费用、养殖损失给予适当补助。

第三十四条 畜禽养殖场、养殖小区排放污染物符合国家和地方规定的污染物排放标准和总量控制指标，自愿与环境保护主管部门签订进一步削减污染物排放量协议的，由县级人民政府按照国家有关规定给予奖励，并优先列入县级以上人民政府安排的环境保护和畜禽养殖发展相关财政资金扶持范围。

第三十五条 畜禽养殖户自愿建设综合利用和无害化处理设施、采取措施减少污染物排放的，可以依照本条例规定享受相关激励和扶持政策。

第五章 法律责任

第三十六条 各级人民政府环境保护主管部门、农牧主管部门以及其他有关部门未依照本条例规定履行职责的，对直接负责的主管人员和其他直接责任人员依法给予处分；直接负责的主管人员和其他直接责任人员构成犯罪的，依法追究刑事责任。

第三十七条　违反本条例规定，在禁止养殖区域内建设畜禽养殖场、养殖小区的，由县级以上地方人民政府环境保护主管部门责令停止违法行为；拒不停止违法行为的，处 3 万元以上 10 万元以下的罚款，并报县级以上人民政府责令拆除或者关闭。在饮用水水源保护区建设畜禽养殖场、养殖小区的，由县级以上地方人民政府环境保护主管部门责令停止违法行为，处 10 万元以上 50 万元以下的罚款，并报经有批准权的人民政府批准，责令拆除或者关闭。

第三十八条　违反本条例规定，畜禽养殖场、养殖小区依法应当进行环境影响评价而未进行的，由有权审批该项目环境影响评价文件的环境保护主管部门责令停止建设，限期补办手续；逾期不补办手续的，处 5 万元以上 20 万元以下的罚款。

第三十九条　违反本条例规定，未建设污染防治配套设施或者自行建设的配套设施不合格，也未委托他人对畜禽养殖废弃物进行综合利用和无害化处理，畜禽养殖场、养殖小区即投入生产、使用，或者建设的污染防治配套设施未正常运行的，由县级以上人民政府环境保护主管部门责令停止生产或者使用，可以处 10 万元以下的罚款。

第四十条　违反本条例规定，有下列行为之一的，由县级以上地方人民政府环境保护主管部门责令停止违法行为，限期采取治理措施消除污染，依照《中华人民共和国水污染防治法》《中华人民共和国固体废物污染环境防治法》的有关规定予以处罚：

（一）将畜禽养殖废弃物用作肥料，超出土地消纳能力，造成环境污染的；

（二）从事畜禽养殖活动或者畜禽养殖废弃物处理活动，未采取有效措施，导致畜禽养殖废弃物渗出、泄漏的。

第四十一条　排放畜禽养殖废弃物不符合国家或者地方规定的污染物排放标准或者总量控制指标，或者未经无害化处理直接向环境排放畜禽养殖废弃物的，由县级以上地方人民政府环境保护主管部门责令限期治理，可以处 5 万元以下的罚款。县级以上地方人民政府环境保护主管部门作-做出限期治理决定后，应当会同同级人民政府农牧等有关部门对整改措施的落实情况及时进行核查，并向社会公布核查结果。

第四十二条　未按照规定对染疫畜禽和病害畜禽养殖废弃物进行无害化处理的，由动物卫生监督机构责令无害化处理，所需处理费用由违法行为人承担，可以处 3 000 元以下的罚款。

第六章　附　　则

第四十三条　畜禽养殖场、养殖小区的具体规模标准由省级人民政府确定，并报国务院环境保护主管部门和国务院农牧主管部门备案。

第四十四条　本条例自 1 月 1 日起施行。

五、病死动物无害化处理技术规范

（农业部　2013 年 10 月 15 日）

为规范病死动物尸体及相关动物产品无害化处理操作技术，预防重大动物疫病，维护动物产品质量安全，依据《中华人民共和国动物防疫法》及有关法律法规制定本规范。

1 适用范围 本规范规定了病死动物尸体及相关动物产品无害化处理方法的技术工艺和操作注意事项，以及在处理过程中包装、暂存、运输、人员防护和无害化处理记录要求。

2 引用规范和标准

《中华人民共和国动物防疫法》（2007 年主席令第 71 号）

《动物防疫条件审查办法》（农业部令 2010 年第 7 号）

《病死及死因不明动物处置办法（试行）》（农医发〔2005〕25 号）

GB16548 病害动物和病害动物产品生物安全处理规程

GB19217 医疗废物转运车技术要求（试行）

GB18484 危险废物焚烧污染控制标准

GB18597 危险废物贮存污染控制标准

GB16297 大气污染物综合排放标准

GB14554 恶臭污染物排放标准

GB8978 污水综合排放标准

GB5085.3 危险废物鉴别标准

GB/T16569 畜禽产品消毒规范

GB19218 医疗废物焚烧炉技术要求（试行）

GB/T19923 城市污水再生利用 工业用水水质

当上述标准和文件被修订时，应使用其最新版本。

3 术语和定义

3.1 无害化处理 本规范所称无害化处理，是指用物理、化学等方法处理病死动物尸体及相关动物产品，消灭其所携带的病原体，消除动物尸体危害的过程。

3.2 焚烧法 焚烧法是指在焚烧容器内，使动物尸体及相关动物产品在富氧或无氧条件下进行氧化反应或热解反应的方法。

3.3 化制法 化制法是指在密闭的高压容器内，通过向容器夹层或容器通入高温饱和蒸汽，在干热、压力或高温、压力的作用下，处理动物尸体及相关动物产品的方法。

3.4 掩埋法 掩埋法是指按照相关规定，将动物尸体及相关动物产品投入化尸窖或掩埋坑中并覆盖、消毒，发酵或分解动物尸体及相关动物产品的方法。

3.5 发酵法 发酵法是指将动物尸体及相关动物产品与稻糠、木屑等辅料按要求摆放，利用动物尸体及相关动物产品产生的生物热或加入特定生物制剂，发酵或分解动物尸体及相关动物产品的方法。

4 无害化处理方法

4.1 焚烧法

4.1.1 直接焚烧法

4.1.1.1 技术工艺

4.1.1.1.1 可视情况对动物尸体及相关动物产品进行破碎预处理。

4.1.1.1.2 将动物尸体及相关动物产品或破碎产物，投至焚烧炉本体燃烧室，经充分氧化、热解，产生的高温烟气进入二燃室继续燃烧，产生的炉渣经出渣机排出。燃烧室温度应≥850℃。

4.1.1.1.3　二燃室出口烟气经余热利用系统、烟气净化系统处理后达标排放。

4.1.1.1.4　焚烧炉渣与除尘设备收集的焚烧飞灰应分别收集、贮存和运输。焚烧炉渣按一般固体废物处理；焚烧飞灰和其他尾气净化装置收集的固体废物如属于危险废物，则按危险废物处理。

4.1.1.2　操作注意事项

4.1.1.2.1　严格控制焚烧进料频率和重量，使物料能够充分与空气接触，保证完全燃烧。

4.1.1.2.2　燃烧室内应保持负压状态，避免焚烧过程中发生烟气泄露。

4.1.1.2.3　燃烧所产生的烟气从最后的助燃空气喷射口或燃烧器出口到换热面或烟道冷风引射口之间的停留时间应≥2s。

4.1.1.2.4　二燃室顶部设紧急排放烟囱，应急时开启。

4.1.1.2.5　应配备充分的烟气净化系统，包括喷淋塔、活性炭喷射吸附、除尘器、冷却塔、引风机和烟囱等，焚烧炉出口烟气中氧含量应为6％～10％（干气）。

4.1.2　炭化焚烧法

4.1.2.1　技术工艺

4.1.2.1.1　将动物尸体及相关动物产品投至热解炭化室，在无氧情况下经充分热解，产生的热解烟气进入燃烧（二燃）室继续燃烧，产生的固体炭化物残渣经热解炭化室排出。热解温度应≥600℃，燃烧（二燃）室温度≥1 100℃，焚烧后烟气在1 100℃以上停留时间≥2秒。

4.1.2.1.2　烟气经过热解炭化室热能回收后，降至600℃左右进入排烟管道。烟气经过湿式冷却塔进行"急冷"和"脱酸"后进入活性炭吸附和除尘器，最后达标后排放。

4.1.2.2　注意事项

4.1.2.2.1　应检查热解炭化系统的炉门密封性，以保证热解炭化室的隔氧状态。

4.1.2.2.2　应定期检查和清理热解气输出管道，以免发生阻塞。

4.1.2.2.3　热解炭化室顶部需设置与大气相连的防爆口，热解炭化室内压力过大时可自动开启泄压。

4.1.2.2.4　应根据处理物种类、体积等严格控制热解的温度、升温速度及物料在热解炭化室里的停留时间。

4.2　化制法

4.2.1　干化法

4.2.1.1　技术工艺

4.2.1.1.1　可视情况对动物尸体及相关动物产品进行破碎预处理。

4.2.1.1.2　动物尸体及相关动物产品或破碎产物输送入高温高压容器。

4.2.1.1.3　处理物中心温度≥140℃，压力≥0.5兆帕（绝对压力），时间≥4小时（具体处理时间随需处理动物尸体及相关动物产品或破碎产物种类和体积大小而设定）。

4.2.1.1.4　加热烘干产生的热蒸汽经废气处理系统后排出。

4.2.1.1.5 加热烘干产生的动物尸体残渣传输至压榨系统处理。

4.2.1.2 操作注意事项

4.2.1.2.1 搅拌系统的工作时间应以烘干剩余物基本不含水分为宜，根据处理物量的多少，适当延长或缩短搅拌时间。

4.2.1.2.2 应使用合理的污水处理系统，有效去除有机物、氨氮，达到国家规定的排放要求。

4.2.1.2.3 应使用合理的废气处理系统，有效吸收处理过程中动物尸体腐败产生的恶臭气体，使废气排放符合国家相关标准。

4.2.1.2.4 高温高压容器操作人员应符合相关专业要求。

4.2.1.2.5 处理结束后，需对墙面、地面及其相关工具进行彻底清洗消毒。

4.2.2 湿化法

4.2.2.1 技术工艺

4.2.2.1.1 可视情况对动物尸体及相关动物产品进行破碎预处理。

4.2.2.1.2 将动物尸体及相关动物产品或破碎产物送入高温高压容器，总质量不得超过容器总承受力的五分之四。

4.2.2.1.3 处理物中心温度≥135℃，压力≥0.3兆帕（绝对压力），处理时间≥30分钟（具体处理时间随需处理动物尸体及相关动物产品或破碎产物种类和体积大小而设定）。

4.2.2.1.4 高温高压结束后，对处理物进行初次固液分离。

4.2.2.1.5 固体物经破碎处理后，送入烘干系统；液体部分送入油水分离系统处理。

4.2.2.2 操作注意事项

4.2.2.2.1 高温高压容器操作人员应符合相关专业要求。

4.2.2.2.2 处理结束后，需对墙面、地面及其相关工具进行彻底清洗消毒。

4.2.2.2.3 冷凝排放水应冷却后排放，产生的废水应经污水处理系统处理达标后排放。

4.4.2.2.4 处理车间废气应通过安装自动喷淋消毒系统、排风系统和高效微粒空气过滤器（HEPA过滤器）等进行处理，达标后排放。

4.3 掩埋法

4.3.1 直接掩埋法

4.3.1.1 选址要求

4.3.1.1.1 应选择地势高燥，处于下风向的地点。

4.3.1.1.2 应远离动物饲养厂（饲养小区）、动物屠宰加工场所、动物隔离场所、动物诊疗场所、动物和动物产品集贸市场、生活饮用水源地。

4.3.1.1.3 应远离城镇居民区、文化教育科研等人口集中区域、主要河流及公路、铁路等主要交通干线。

4.3.1.2 技术工艺

4.3.1.2.1 掩埋坑体容积以实际处理动物尸体及相关动物产品数量确定。

4.3.1.2.2 掩埋坑底应高出地下水位1.5米以上，要防渗、防漏。

4.3.1.2.3　坑底洒一层厚度为 2～5 厘米的生石灰或漂白粉等消毒药。

4.3.1.2.4　将动物尸体及相关动物产品投入坑内，最上层距离地表 1.5 米以上。

4.3.1.2.5　生石灰或漂白粉等消毒药消毒。

4.3.1.2.6　覆盖距地表 20～30 厘米，厚度不少于 1～1.2 米的覆土。

4.3.1.3　操作注意事项

4.3.1.3.1　掩埋覆土不要太实，以免腐败产气造成气泡冒出和液体渗漏。

4.3.1.3.2　掩埋后，在掩埋处设置警示标志。

4.3.1.3.3　掩埋后，第一周内应每日巡查 1 次，第二周起应每周巡查 1 次，连续巡查 3 个月，掩埋坑塌陷处应及时加盖覆土。

4.3.1.3.4　掩埋后，立即用氯制剂、漂白粉或生石灰等消毒药对掩埋场所进行 1 次彻底消毒。第一周内应每日消毒 1 次，第二周起应每周消毒 1 次，连续消毒三周以上。

4.3.2　化尸窖

4.3.2.1　选址要求

4.3.2.1.1　畜禽养殖场的化尸窖应结合本场地形特点，宜建在下风向。

4.3.2.1.2　乡镇、村的化尸窖选址应选择地势较高，处于下风向的地点。应远离动物饲养厂（饲养小区）、动物屠宰加工场所、动物隔离场所、动物诊疗场所、动物和动物产品集贸市场、泄洪区、生活饮用水源地；应远离居民区、公共场所，以及主要河流、公路、铁路等主要交通干线。

4.3.2.2　技术工艺

4.3.2.2.1　化尸窖应为砖和混凝土，或者钢筋和混凝土密封结构，应防渗防漏。

4.3.2.2.2　在顶部设置投置口，并加盖密封加双锁；设置异味吸附、过滤等除味装置。

4.3.2.2.3　投放前，应在化尸窖底部铺洒一定量的生石灰或消毒液。

4.3.2.2.4　投放后，投置口密封加盖加锁，并对投置口、化尸窖及周边环境进行消毒。

4.3.2.2.5　当化尸窖内动物尸体达到容积的四分之三时，应停止使用并密封。

4.3.2.3　注意事项

4.3.2.3.1　化尸窖周围应设置围栏、设立醒目警示标志以及专业管理人员姓名和联系电话公示牌，应实行专人管理。

4.3.2.3.2　应注意化尸窖维护，发现化尸窖破损、渗漏应及时处理。

4.3.2.3.3　当封闭化尸窖内的动物尸体完全分解后，应当对残留物进行清理，清理出的残留物进行焚烧或者掩埋处理，化尸窖池进行彻底消毒后，方可重新启用。

4.4　发酵法

4.4.1　技术工艺

4.4.1.1　发酵堆体结构形式主要分为条垛式和发酵池式。

4.4.1.2　处理前，在指定场地或发酵池底铺设 20 厘米厚辅料。

4.4.1.3　辅料上平铺动物尸体或相关动物产品，厚度≤20 厘米。

4.4.1.4　覆盖 20 厘米辅料，确保动物尸体或相关动物产品全部被覆盖。堆体厚度随需处理动物尸体和相关动物产品数量而定，一般控制在 2～3 米。

4.4.1.5 堆肥发酵堆内部温度≥54℃，1 周后翻堆，3 周后完成。

4.4.1.6 辅料为稻糠、木屑、秸秆、玉米芯等混合物，或为在稻糠、木屑等混合物中加入特定生物制剂预发酵后产物。

4.4.2 操作注意事项

4.4.2.1 因重大动物疫病及人畜共患病死亡的动物尸体和相关动物产品不得使用此种方式进行处理。

4.4.2.2 发酵过程中，应做好防雨措施。

4.4.2.3 条垛式堆肥发酵应选择平整、防渗地面。

4.4.2.4 应使用合理的废气处理系统，有效吸收处理过程中动物尸体和相关动物产品腐败产生的恶臭气体，使废气排放符合国家相关标准。

5 收集运输要求

5.1 包装

5.1.1 包装材料应符合密闭、防水、防渗、防破损、耐腐蚀等要求。

5.1.2 包装材料的容积、尺寸和数量应与需处理动物尸体及相关动物产品的体积、数量相匹配。

5.1.3 包装后应进行密封。

5.1.4 使用后，一次性包装材料应作销毁处理，可循环使用的包装材料应进行清洗消毒。

5.2 暂存

5.2.1 采用冷冻或冷藏方式进行暂存，防止无害化处理前动物尸体腐败。

5.2.2 暂存场所应能防水、防渗、防鼠、防盗，易于清洗和消毒。

5.2.3 暂存场所应设置明显警示标志。

5.2.4 应定期对暂存场所及周边环境进行清洗消毒。

5.3 运输

5.3.1 选择专用的运输车辆或封闭厢式运载工具，车厢四壁及底部应使用耐腐蚀材料，并采取防渗措施。

5.3.2 车辆驶离暂存、养殖等场所前，应对车轮及车厢外部进行消毒。

5.3.3 运载车辆应尽量避免进入人口密集区。

5.3.4 若运输途中发生渗漏，应重新包装、消毒后运输。

5.3.5 卸载后，应对运输车辆及相关工具等进行彻底清洗、消毒。

6 其他要求

6.1 人员防护

6.1.1 动物尸体的收集、暂存、装运、无害化处理操作的工作人员应经过专门培训，掌握相应的动物防疫知识。

6.1.2 工作人员在操作过程中应穿戴防护服、口罩、护目镜、胶鞋及手套等防护用具。

6.1.3 工作人员应使用专用的收集工具、包装用品、运载工具、清洗工具、消毒器材等。

6.1.4　工作完毕后，应对一次性防护用品作销毁处理，对循环使用的防护用品消毒处理。

6.2　记录要求

6.2.1　病死动物的收集、暂存、装运、无害化处理等环节应建有台账和记录。有条件的地方应保存运输车辆行车信息和相关环节视频记录。

6.2.2　台账和记录

6.2.2.1　暂存环节

6.2.2.1.1　接收台账和记录应包括病死动物及相关动物产品来源场（户）、种类、数量、动物标识号、死亡原因、消毒方法、收集时间、经手人员等。

6.2.2.1.2　运出台账和记录应包括运输人员、联系方式、运输时间、车牌号、病死动物及产品种类、数量、动物标识号、消毒方法、运输目的地以及经手人员等。

6.2.2.2　处理环节

6.2.2.2.1　接收台账和记录应包括病死动物及相关动物产品来源、种类、数量、动物标识号、运输人员、联系方式、车牌号、接收时间及经手人员等。

6.2.2.2.2　处理台账和记录应包括处理时间、处理方式、处理数量及操作人员等。

6.2.3　涉及病死动物无害化处理的台账和记录至少要保存两年。

参 考 文 献

[1] 张延青，沈国平，刘志强．清洁生产理论与实践 [M]．北京：化学工业出版社，2012．

[2] 高正刚．我国清洁生产的发展和现状 [J]．科技与企业，2012 (11)：173．

[3] 严由南，钟新福．德国畜禽清洁生产实践 [J]．江西畜牧兽医杂志，2011 (1)：1-2．

[4] 罗良国，王艳，秦丽欢，等．国外农业清洁生产政策法规综述 [J]．农业资源与环境学报，2011，28 (6)：41-45．

[5] 彭富强．农业清洁生产评价体系研究 [D]．重庆大学，2013：29-31．

[6] 吴天马．实施农业清洁生产势在必行 [J]．环境导报，2000 (4)：1-4．

[7] 贾继文，陈宝成．农业清洁生产的理论与实践研究 [J]．环境与可持续发展，2006 (4)：1-4．

[8] 中国畜牧业信息网．全国畜牧业发展形势向好 [R/OL]．(2016-12-28) [2017-02-06]．http：//www.caaa.cn/show/newstarticle.php

[9] 林启才，杜利劳，张振文．陕西省畜禽养殖业污染成因及防治问题研究 [J]．陕西农业科学，2014，60 (6)：56-58．

[10] 杨建成，胡建民．畜牧业清洁生产技术 [M]．北京：中国农业出版社，2011．

[11] 程波．畜禽养殖业规划环境影响评价方法与实践 [M]．北京中国农业出版社，2011：42-42；82-92；94-128．

[12] 毛志忠．西方国家清洁生产的先进经验 [J]．未来与发展，2008，29 (4)：75-77．

[13] 沈丰菊，赵润，张克强．咸宁市农业清洁生产技术实践与生态补偿政策案例分析 [J]．农学学报，2015 (10)：44-49．

[14] 侯勇，高志岭，马文奇，等．京郊典型集约化"农田—畜牧"生产系统氮素流动特征 [J]．生态学报，2012，32 (4)：1028-1036．

[15] 仓木拉，金红岩，封家旺．畜牧业清洁生产项目管理探讨 [J]．畜牧与饲料科学，2014，35 (5)：86-87．

[16] 赵清泉，刘官源．畜牧业环境污染形势及治理对策 [J]．现代农业科技，2015 (17)：242．

[17] 李建华，李全胜，徐建明．畜禽养殖业清洁生产的必要性及实施对策研究——以浙江省为例 [J]．环境污染与防治，2004，26 (1)：39-41．

[18] 王忙生，张双奇，杨亚丽，等．浅析商洛山区发展节粮型畜牧业存在的困惑和解决的途径 [J]．陕西农业科学，2013，59 (3)：113-115．

[19] 蒋树威，郑锡恩．生态畜牧业的理论与实践 [M]．北京：中国农业出版社，1995：12-32．

[20] 刘绍伯．家畜生产系统学 [M]．北京：北京农业大学出版社，1992．

[21] [美] G.S.巴纽埃洛斯，林治庆．生物营养强化农产品开发和应用 [M]．尹雪斌，李飞，刘颖，等译．北京：科学出版社，2010：126-137．

[22] 中国畜牧业信息网．2016年中国饲料产量或将破2亿 [R/OL]．(2016-02-16) [2017-02-08]．http：//www.caaa.cn/show/newsarticle.php? ID=371550

[23] 欧共体联合研究中心．集约化畜禽养殖污染综合防治最佳可行技术 [M]．郑明霞，汪翠萍，王凯军，等编译．北京：化学工业出版社，2013：123-125．

［24］高长明，吴金英．规模猪场零排放的设计与管理［M］．武汉：湖北人民出版社，2008：71－74.

［25］张子仪．中国饲料学［M］．北京：中国农业出版社，2000.

［26］冯华．丰收为啥还进口——我国粮食供需结构出了啥问题？［R/OL］．（2019－01－25）［2017－02－09］．http：//politics．people．com．cn/n1/2016/0125/c1001－28080513．html

［27］［美］Palmer J．Holden M．E．Ensminger．养猪学［M］．王爱国，主译．北京：中国农业大学出版社：195－196.

［28］杨师，薛晓霜，郑凤雷．肉鸡饲养成本过度节约的不良后果［J］．现代畜牧兽医，2013（B12）.

［29］吴曼．商品肉鸡笼养是未来行业发展方向［J］．北方牧业，2015（19）：5.

［30］戴荣国，曹国文．中药除臭势在必行［J］．四川畜牧兽医，2002，29（8）：48.

［31］李冬霞．合理使用饲料添加剂减轻养鸡臭气污染［J］．养禽与禽病防治，2007（2）：28.

［32］弓慧敏，庞全海，弓瑞娟．畜禽疾病发生与饲养管理及其防治［J］．国外畜牧学—猪与禽，2010，30（2）：79－81.

［33］高作信．兽医学［M］．北京：中国农业出版社，2001：8－10.

［34］谢园林等．实用人畜共患传染病学［M］．北京：科学技术文献出版社，2007.

［35］单良．畜禽疾病的产生及预防［J］．吉林农业：学术版，2012（1）：161.

［36］王必勇．关注饲料原料预处理技术和饲料生产精细化管理——2015年中国动物营养应用技术研讨会侧记［J］．中国畜牧杂志，2015，51（22）：46－50.

［37］Gregory Simpson，夏俊花．改善饲料转化率是提高养猪生产成本效益的最大机会［J］．国外畜牧学——猪与禽，2015，35（9）：1－3.

［38］李振．除臭剂在动物生产中的应用［J］．粮食与饲料工业，2005（7）：36－38.

［39］汪莉，罗淑琴，苏宁，等．低聚糖对蛋雏鸡生产性能及粪臭的影响［J］．畜牧与兽医，2002，34（6）：6－8.

［40］高飞，束刚，朱晓彤，等．不同有机酸对肠道菌标准菌株的抑菌效应分析［C］//全国动物生理生化全国代表大会暨第十三次学术交流会．2014.

［41］陈璐，贺静，马诗淳，等．酶制剂在畜禽养殖废弃物资源化利用中的研究进展［J］．中国农业科技导报，2013（5）：24－30.

［42］戴荣国，周晓容，丁玉春，等．中草药除臭剂调控鸡粪臭气和氮磷排放研究［J］．中兽医医药杂志，2008，27（5）：30－32.

［43］邓奇风，高凤仙．生物除臭剂在动物生产中的应用［J］．饲料与畜牧：新饲料，2015（9）：38－41.

［44］白明刚．河北畜禽养殖业污染评价及对策研究［D］．石家庄：河北农业大学，2010：12－14.

［45］FAO．畜牧与环境［EB/OL］．［2016－11－30］．http：//www．fao．org/livestock-environment/zh/

［46］李莉，潘坤，丁宗庆．南水北调丹江口库区水源地面源污染状况分析［J］．资源节约与环保，2014（11）：149－150.

［47］张晖．中国畜牧业面源污染研究——基于长三角地区生猪养殖户的调查［D］．南京：南京农业大学，2010.

［48］吴建敏，徐俊，翟云忠，等．畜禽规模养殖废水污染因子监测评价分析［J］．家畜生态学报，2009，30（4）：48－51.

［49］孟祥海，张俊飚，李鹏，等．畜牧业环境污染形势与环境治理政策综述［J］．生态与农村环境学报，2014，30（1）：1－8.

［50］朱杰，黄涛．畜禽养殖废水达标处理新工艺［M］．北京：化学工业出版社，2010：21－26；29－31，42－62.

[51] 李季．规模化养殖场废弃物处理与有机肥利用：第一届（2015）中国畜牧工程行业交流会（中国广州）［R/OL］．（2013-11-11）［2016-11-18］．http//www. caaa. cn/forum/index. php.

[52] 潘霞，陈励科，卜元卿，等．畜禽有机肥对典型蔬果地土壤剖面重金属与抗生素分布的影响［J］．生态与农村环境学报，2012，28（5）：518-525.

[53] 陶秀萍．畜禽养殖废弃物处理和利用技术模式：第一届（2015）中国畜牧工程行业交流会（中国广州）［R/OL］．（2013-11-11）［2016-11-18］．http//www. caaa. cn/forum/index. php.

[54] 王忙生，张双奇，陈玉瑞，等．商洛市畜禽粪便污染负荷及减量化路径分析［J］．陕西农业科学，2016，62（7）：48-51.

[55] 谢华生，包景岭，温娟．战略（规划）环境影响评价理论与实践［M］．北京：中国环境科学出版社，2014：47-51；74-85.

[56] 周丽娜，张弘，杨道军，等．畜禽养殖环境影响评价编制要点［J］．江西化工，2016（3）：39-42.

[57] 高吉喜．可持续发展理论的探索——生态承载力的理论、方法和应用［M］．北京：中国环境科学出版社，2001.

[58] 鞠昌华，芮菡艺，孙勤芳．畜禽养殖环境承载力特征研究［J］．家畜生态学报，2016，37（7）：83-86.

[59] 陈微，刘丹丽，刘继军，等．基于畜禽粪便养分含量的畜禽承载力研究［J］．中国畜牧杂志，2009，45（1）：46-50.

[60] 孟祥海，张俊飚，李鹏．中国畜牧业资源环境承载压力时空特征分析［J］．农业现代化研究，2012，33（5）：46-50.

[61] 姚升，王光宇．基于分区视角的畜禽养殖粪便农田负荷量估算及预警分析［J］．华中农业大学学报（社会科学版），2016（1）：72-84.

[62] 环境保护部．《清洁生产评价指标体系编制通则》（试行稿）［J］．石油和化工节能，2013（4）：1.

[63] 罗良国，王艳，秦丽欢，等．农业清洁生产评价指标与审核体系的初步研究［J］．农业资源与环境学报，2011，28（6）：18-21.

[64] 马妍，白艳英，于秀玲，等．中国清洁生产发展历程回顾分析［J］．环境与可持续发展，2010，35（1）：40-43.

[65] 彭富强．农业清洁生产评价体系研究［D］．重庆大学，2013：14-24.

[66] 杜灵通，高桂英，张前进．基于生态足迹分析法的宁夏可持续发展研究［J］．干旱地区农业研究，2008，26（2）：194-199.

[67] 赵琳．清洁生产在畜牧业中的应用研究［J］．农业灾害研究，2012，2（5）：37-39.

图书在版编目（CIP）数据

畜牧业清洁生产与审核／王忙生著．—北京：中国农业出版社，2017.7
ISBN 978-7-109-22834-4

Ⅰ.①畜… Ⅱ.①王… Ⅲ.①畜牧业－无污染工艺－研究 Ⅳ.①S8

中国版本图书馆 CIP 数据核字（2017）第 069280 号

中国农业出版社出版
（北京市朝阳区麦子店街 18 号楼）
（邮政编码 100125）
责任编辑 王琦瑢 张凌云

中国农业出版社印刷厂印刷 新华书店北京发行所发行
2017 年 7 月第 1 版 2017 年 7 月北京第 1 次印刷

开本：787mm×1092mm 1/16 印张：13
字数：290 千字
定价：38.00 元
（凡本版图书出现印刷、装订错误，请向出版社发行部调换）